移动 Web 开发

主 编 杨建新 王 莹

副主编 邵艳巡

参 编 盛昀瑶 陈延雪 余 宏

北京理工大学出版社

BEIJING INSTITUTE OF TECHNOLOGY PRESS

内 容 简 介

本书介绍了移动端 Web 开发的常用技术，通过四个实际项目讲解移动端 Web 开发的知识和技能。贯穿该四个项目的主线分别为流式布局、弹性布局、rem 单位布局以及 BootStrap 框架的响应式布局。本书详细讲解和应用了 CSS3 选择器、CSS3 新属性值、伪类与伪元素、CSS3 过渡与动画、LESS 文件、SASS 文件、媒体查询技术、JavaScript 及 JQuery 网页特效编程、JQuery 插件库等常见技术。

本书所面向的读者为具备 HTML 开发基础、想学习移动端 Web 开发，或拟提高 Web 开发项目实战经验的在校学生或相关工作人员。通过本书的学习，读者将掌握移动端 Web 开发的知识技能和实战能力。

图书在版编目（CIP）数据

移动 Web 开发 / 杨建新，王莹主编. -- 北京：北京理工大学出版社，2025. 6.

ISBN 978-7-5763-5056-2

Ⅰ . TN929. 53

中国国家版本馆 CIP 数据核字第 2025AL3336 号

责任编辑：钟　博　　**文案编辑**：钟　博
责任校对：周瑞红　　**责任印制**：施胜娟

出版发行 / 北京理工大学出版社有限责任公司
社　　址 / 北京市丰台区四合庄路 6 号
邮　　编 / 100070
电　　话 / （010）68914026（教材售后服务热线）
　　　　　　 （010）63726648（课件资源服务热线）
网　　址 / http://www.bitpress.com.cn

版 印 次 / 2025 年 6 月第 1 版第 1 次印刷
印　　刷 / 三河市天利华印刷装订有限公司
开　　本 / 787 mm×1092 mm　1/16
印　　张 / 19
字　　数 / 439 千字
定　　价 / 89.00 元

前 言

1. 适用人群

如果你有一定的 Web 前端开发基础，具有 HTML，CSS，JavaScript 基础开发能力，希望进一步提高 Web 前端开发水平，学习移动端 Web 开发，掌握 Web 前端框架开发技术，那么本书适合你。

2. 本书介绍

编者在学习和教授 Web 前端开发技术的过程中，以及在企业岗位调研中，发现 Web 前端开发技术在软件开发中占有很高的比例，但是学习 Web 前端开发技术并不简单，因为它的学习特点如下：①知识点多且零散；②单个知识点难度低，而综合运用难度高；③围绕网页设计的辅助技能较多；④学生轻视 Web 前端开发的工程性，综合职业素质得不到提高。

因此，Web 前端开发技术的内容组织目前没有得到普遍认可的目录结构。编者通过观察学生的学习过程，发现网页的设计和布局是他们遇到的第一个棘手的问题，其次才是具体的样式和动态的细节。而且，学生在将来学习 BootStrap，Vant，Element-UI 等前端框架时，布局技术也是不可忽略的重要内容。鉴于此，本书采取以"网页布局"为目录主线，以其他 HTML5+CSS3+JavaScript 技术为辅线的组织形式，如下图所示。

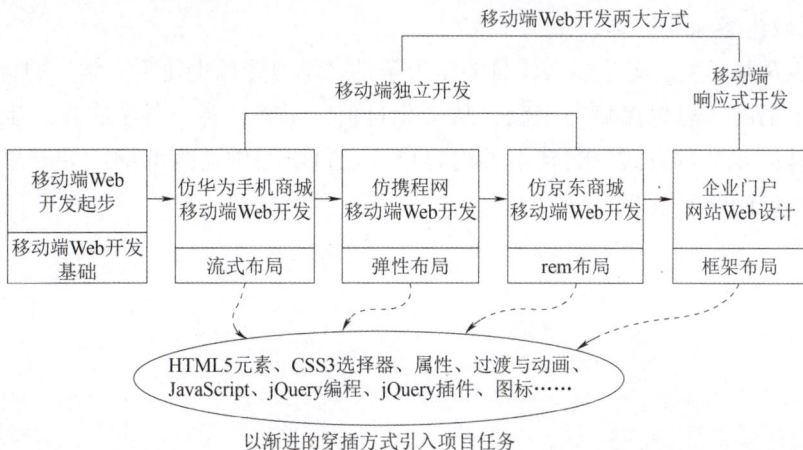

本书的项目 1 介绍移动端 Web 开发起步知识。项目 2~项目 4 介绍三大布局方式（流式布局、弹性布局和 rem 布局）的典型实际应用，每个项目以一种典型的布局方式为主线，其中穿插 CSS 技术以及 JavaScript 技术，以完成所有小任务。项目 5 介绍响应式布局的框架技术，以适应 Web 前端框架化的技术趋势。

3. 学习目标

通过本书的学习，学生将掌握移动端页面的常见布局方式以及响应式开发方法。本书介绍了移动端网页开发的技术现状，项目的主线是流式布局、弹性布局、rem 布局以及这几种布局的混合应用，最后介绍响应式布局的框架技术。其中穿插 CSS3 选择器、CSS3 新属性值、伪类伪元素、CSS3 过渡与动画、LESS 文件、JavaScript 及 jQuery 网页特效编程、jQuery 插件库和移动端事件响应等开发中常见的应用，使学生最终能够开发移动端互动页面和基于 BootStrap 框架的响应式页面。

4. 本书特色

1）以"岗位需求"为出发点

编者通过同行交流学习、企业实地考察、"毕业生职业发展调查问卷"等方式，对移动端 Web 开发的典型工作任务、工作流程进行研究，提取运用广泛、与后续学习关联性较强的内容作为"学材"。

2）以"职业院校技能大赛"为参考

编者通过对与软件专业关联的"职业院校技能大赛"高职赛项规程进行梳理，发现在"应用软件系统开发""区块链技术应用"等赛项中，均运用到大量 HTML5，CSS3，JavaScript 技术，因此编者在本书的编写中吸收了这些赛项所涉及的技能和知识。

3）以 1+X 证书要求为依据

本书中每个项目均给出了对应的 Web 前端开发 1+X 证书考察相关内容。

4）以"学材"为组织原则

本书根据学生的学习特点，采用"分组学习"的方式，按照学习目标、任务发布、资讯收集、任务分析、初步思路、知识储备、任务实施、评估总结的步骤安排所述内容，帮助学生建立"工程化"学习思维。

5）用思政内容保驾护航。

学习的主角是学生，无论多么优越的学习条件、学习资源也比不上学生的自我激励。思政内容作为本书的"思想保障"工程，从文化自信、工匠精神、科学态度、生活哲学等方面，以"如盐入水"的方式浸润到本书内容中，通过学习中遇到的问题展开思政教育，帮助学生建立良好的学习态度。

编　者

目录

项目 1

移动端Web开发起步

【项目介绍】

小丁是一名软件技术专业大学二年级的学生，在过去的学习中，他已经学会了 Web 开发的基础知识，掌握了使用 HTML+CSS+JavaScript 开发简单 PC（个人计算机）端网页的基本技能。随着移动端设备越来越普及，移动端的页面开发需求也逐渐增多。

Web 开发分为 Web 前端开发和 Web 后端开发，而 Web 前端开发又分为 PC 端 Web 开发和移动端 Web 开发（移动端页面和 PC 端页面示意如图 1-1 所示）。虽然 PC 端 Web 开发和移动端 Web 开发所依据的基本知识都是 HTML+CSS+JavaScript，但是移动端 Web 开发具有如下特殊性。

（1）屏幕尺寸区别大。

（2）屏幕分辨率比较高。

（3）移动端的 JS 事件与 PC 端不同。

移动端页面   PC端页面

图 1-1　移动端页面和 PC 端页面示意

如何在有限的空间更好地展示内容？移动端 Web 开发和 PC 端 Web 开发有何区别？需要学习哪些内容？

经理让小丁所在的小组尽快熟悉移动端 Web 开发的基础知识，为开发移动端页面做好准备（图 1-2），并布置了学习目标。

图 1-2　小组开发示意

【四维目标】

工程维度

能根据经验知识和信息检索方法，组内配合查找关于"移动端 Web 开发"的相关资讯，进行整理，获取有用信息。结合本项目的"知识储备"，进行开发准备。

技能维度

（1）能在进行移动端 Web 开发时根据需要选择合适的开发方式。

（2）会使用 VSCode 代码编辑工具和 Chrome 的移动端调试工具。

（3）会根据开发需要设置理想视口。

（4）会使用移动端公用初始化 CSS 文件——normalize.css。

知识维度

（1）了解移动端 Web 开发的软/硬件背景。

（2）了解移动端 Web 开发的两大方式——移动端独立开发和移动端响应式开发，并理解它们的应用场合。

（3）了解流式布局、弹性布局、rem 布局的原理。

（4）了解常见的移动端布局方式以及典型的网站。

（5）了解移动端 Web 开发的调试工具。

（6）了解理想视口的概念。

（7）了解移动端公用初始化 CSS 文件以及它的作用。

素质维度

（1）通过"浏览器内核"的现状，激发"为中华之崛起而读书"的激情。

（2）学习技能要有全局观，不能一叶障目。

（3）善于使用"他山之石"。

【学习要求】

（1）课前了解"学习目标"，完成"任务发布""资讯收集"和"任务分析"。

（2）课中带着问题跟随老师完成"知识储备"部分的学习。

（3）课中根据操作视频或自行完成"任务实施"的内容。

（4）课中以小组内评价或教师点评的形式完成"评估总结"的内容。

【所涉 1+X 证书考点】

Web 前端开发的典型工作岗位如下：主要面向 IT 互联网企业，互联网转型的传统型企事业单位、政府部门等的信息化数字化部门，从事响应式网页开发、Web 前/后端数据交互、数据库开发和管理、移动端前端制作、动态网站制作等工作，能根据网站开发需求开发动态网站。

Web 前端开发职业技能等级要求（中级）见表 1-1。

表 1-1　Web 前端开发职业技能等级要求（中级）

工作领域	工作任务	职业技能要求
1. 静态网页制作	1.2　响应式网页开发	1.2.1　能分析响应式页面的结构和布局特性。

【建议学时】

本项目建议学时见表 1-2。

表 1-2　项目 1 建议学时

任务	学时
任务 1.1	1
任务 1.2	1
任务 1.3	2

任务 1.1　技术选型和初始化工作

【学习目标】

（1）了解 PC 端 Web 开发与移动端 Web 开发的不同。

（2）了解移动端浏览器的现状。

（3）了解手机屏幕的现状。

【任务发布】

移动端页面运行在移动设备上，移动端设备尺寸小，与 PC 端的硬件条件不同，那么网页运行的容器——浏览器软件是否也和 PC 端一样呢？本任务介绍移动端 Web 开发的软/硬件背景。

【资讯收集】

收集相关资讯，完成表 1-3。

表 1-3　资讯收集

资讯内容	结论
移动端设备有哪些类型？	
移动端设备的尺寸情况如何？	
移动端浏览器有哪些？其内核有哪几种？	

【知识储备】

知识点 1.1.1　移动端浏览器的现状

【问题】移动端浏览器种类繁多，在进行移动端 Web 开发时是否需要考虑兼容性问题？

任务 1.1　知识储备

浏览器的现状分析如下。

（1）PC 端常见浏览器：360 浏览器、谷歌浏览器、火狐浏览器、QQ 浏览器、百度浏览器、搜狗浏览器、IE 浏览器。

（2）移动端常见浏览器：UC 浏览器、QQ 浏览器、Opera 浏览器、百度浏览器、360 浏览器、谷歌浏览器、猎豹浏览器，以及其他小众浏览器（图 1-3）。

（3）国内的 UC 浏览器、QQ 浏览器、百度浏览器等移动端浏览器的内核都是根据 Webkit 内核修改的，目前尚无自主研发的内核，就像国内的手机操作系统都是基于 Android 操作系统修改开发的一样。

因此，在目前的情况下，进行移动端 Web 开发时只考虑主流浏览器，即基于 Webkit 内核（图 1-3 左）修改的浏览器。

图 1-3　移动端浏览器示意

【总结】兼容主流移动端浏览器，处理基于 Webkit 内核修改的浏览器即可。

素质小站：浏览器内核的国产化有多远

　　根据 StatCounter 公布的调查报告，目前全球用户使用最多的浏览器分别是谷歌浏览器、Safari 浏览器、Edge 浏览器、火狐浏览器以及 Opera 浏览器，其中，谷歌浏览器以 65.38% 的市场份额占据霸主地位。

　　总体来看，中国浏览器市场呈现多点开花、规模尚小的特征。国产浏览器认可度相对较低，原因在于核心技术问题。我国企业一开始是基于 IE 浏览器内核开发浏览器，然后基于 IE 和 Webkit 双核开发，最后都转用了 Webkit 内核或它的分支，尚未建立自主研发的内核技术。

　　浏览器内核开发难度很高，它并非简单的代码组合，要兼顾系统的兼容性、商业的拓展性，遵循各种各样复杂的协议。微软、苹果、谷歌等公司都有自己的操作系统，并在此基础上开发出旗下的浏览器。而国内只有华为的鸿蒙操作系统有众多的使用者，因此华为是最有希望开发出自主浏览器内核以搭配自己的操作系统，提升用户体验的。

　　开发一款浏览器相当于为内核套上一层更美观的"壳"，和实际开发内核的难度可以说有天渊之别。中国的市场期待着"中国芯"浏览器的诞生！

知识点 1.1.2　手机屏幕的现状

　　【问题】手机屏幕多种多样的，进行移动端 Web 开发时是否需要考虑手机屏幕尺寸？手机屏幕的现状分析如下。

　　（1）手机屏幕尺寸非常多，碎片化严重（图 1-4）。

　　（2）Android 设备有多种分辨率：480 px×800 px、480 px×854 px、540 px×960 px、720 px×1 280 px、1 080 px×1 920 px 等，还有 2K、4K 等。

　　（3）近年来 iPhone 屏幕尺寸碎片化也在加剧，其主要分辨率有 640 px×960 px、640 px×1 136 px、750 px×1 334 px、1 242 px×2 208 px 等。

图 1-4　手机屏幕尺寸碎片化示意

　　这里提到的数字都是指手机屏幕的宽、高所包含的物理像素值，而制作网页所使用的单位是逻辑像素值。对于某些手机屏幕，两者相同，而对于高清屏幕，两者不相等。如图 1-5 所示，1 个逻辑像素可能等于 2 个物理像素或者 3 个物理像素，这个比例是手机屏幕自定义的，不需要关注。

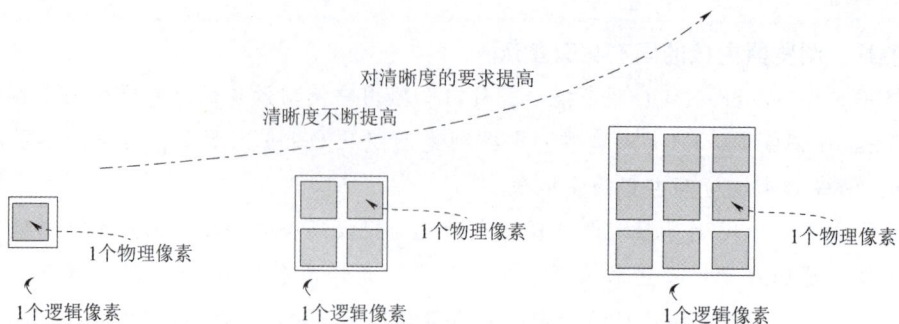

图 1-5　物理像素与逻辑像素的关系

【总结】开发者需要关注手机屏幕尺寸，但是无须关注分辨率，因为常用的尺寸单位是逻辑像素（px）。

【评估总结】

回顾本任务所学知识，完成表 1-4。

表 1-4　任务 1.1 知识回顾

任务 1.1　习题

观察项	回答
说出 5 种常见的移动端浏览器名称	
说出移动端浏览器的主流内核的名称	
进行移动端 Web 开发时，需要考虑所有的浏览器吗？为什么？	
手机屏幕的特点是什么？	
进行移动端 Web 开发时需要关注手机屏幕的物理像素吗？	

任务 1.2　移动端 Web 开发技术选型

【学习目标】

（1）了解移动端 Web 开发的两种方式及其不同的适用范围。

（2）了解移动端独立开发的 3 种布局方式。

（3）了解移动端响应式开发的方法。

【任务发布】

假设已经开发过 PC 端的页面——校园网主页，如果还需要移动端的页面，那么应该重新开发吗？还是将原有的 PC 端的页面简单修改就可以了？

【资讯收集】

收集相关资讯，完成表 1-5。

表 1-5　资讯收集

网站名称	观察 PC 端和移动端页面（填写网址）	结论（两个网址是否一致）
淘宝网		
携程网		
校园网		

【知识储备】

移动端 Web 开发有两种方式：①移动端独立开发，即 PC 端页面和移动端页面分别开发；②移动端响应式开发。下面分别介绍这两种开发方式（图 1-6）。

任务 1.2　知识储备

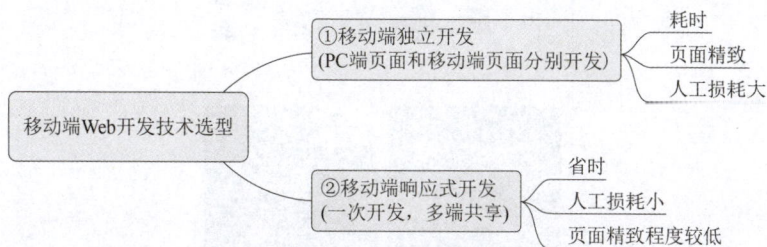

图 1-6　移动端 Web 开发技术选型

知识点 1.2.1　移动端独立开发

移动端独立开发就是指在 PC 端页面开发之外，单独开发移动端页面，这种方式是多数网站采取的方式，例如淘宝、京东、当当、携程。在这种方式下，PC 端页面和移动端页面的布局相差较大。

京东 PC 端页面截图如图 1-7 所示。

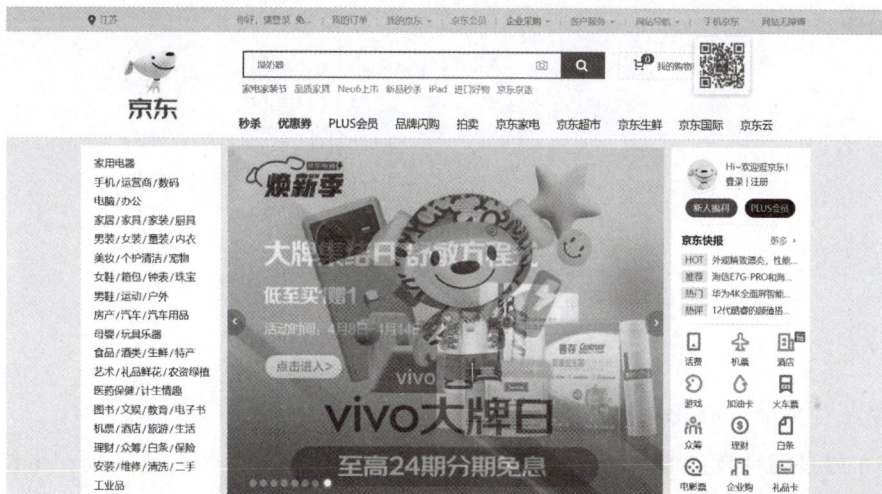

图 1-7　京东 PC 端页面截图

京东移动端页面截图如图 1-8 所示。

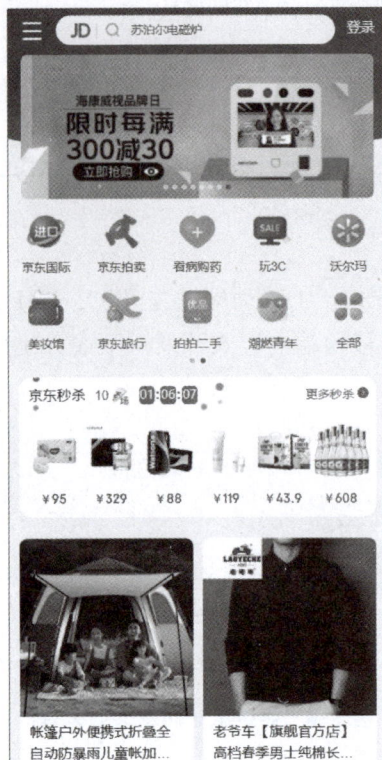

图 1-8　京东移动端页面截图

移动端独立开发有 4 种常见的布局方式，分别是流式布局、弹性布局、rem 布局以及混合布局（图 1-9）。下面对它们进行介绍。

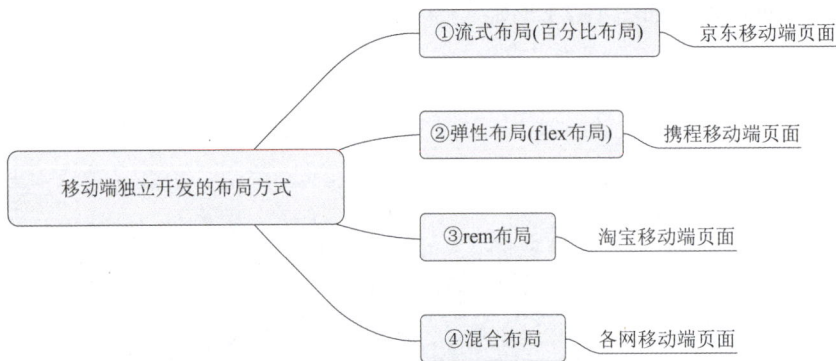

图 1-9　移动端独立开发的布局方式

1. 流式布局（百分比布局）

流式布局是相对静态布局而言的，PC 端页面布局大部分采用静态布局，单位以 px 为主。静态布局较适合 PC 端页面开发，因为 PC 端页面的主流宽度是 1 024 px，还有 1 280 px、

1 440 px、1 680 px、1 920 px，足够布局内容（图 1-10），一般只考虑主流宽度 1 280 px，其余尺寸局部调整就可以实现良好的适应性。例如，可以设置页面宽度为 1 000 px，两边则为空置区域，因此不会出现兼容性问题。

图 1-10　京东 PC 端页面截图

移动端的屏幕尺寸是碎片化的，差别较大，见表 1-6。由于移动端页面宽度较小，布局较紧凑，一般不会牺牲两边的区域，所以固定像素值的静态布局方式会导致页面与屏幕不匹配。

表 1-6　移动端屏幕尺寸

设备	平台	屏幕尺寸/in		长宽比	逻辑像素/(px×px)	物理像素/(dp×dp)	倍率
Android One	Android	4.5	2.2×3.9	16∶9	320×569	480×854	1.5
Moto G	Android	4.5	2.2×3.9	16∶9	360×640	720×1 280	2
Moto X	Android	4.7	2.3×4.1	16∶9	360×640	720×1 280	2
Moto X (2nd Gen)	Android	5.2	2.5×4.5	16∶9	360×640	1 080×1 920	3
Nexus 5	Android	5.0	2.4×4.3	16∶9	360×640	1 080×1 920	3
Samsung Galaxy Note 4	Android	5.7	2.8×5.0	16∶9	480×853	1 440×2 560	3
Samsung Galaxy S5	Android	5.1	2.9×5.6	16∶9	360×640	1 080×1 920	3
Samsung Galaxy S6	Android	5.1	2.5×4.4	16∶9	360×640	1 440×2 560	4
iPhone	iOS	3.5	1.9×2.9	3∶2	320×480	320×480	1
iPhone 4	iOS	3.5	2.0× 2.9	3∶2	320×480	640×960	2
iPhone 5	iOS	4.0	2.0×3.5	16∶9	320×568	640×1 136	2
iPhone 6	iOS	4.7	2.3×4.1	16∶9	375×667	750×1 334	2
iPhone 6 Plus	iOS	5.5	2.7×4.8	16∶9	414×736	1 080×1 920	3

注：1 in（英寸）= 0.025 4 m。

流式布局也称为百分比布局或非固定像素布局。在 CSS 代码中使用百分比来设置盒子的宽度，如图 1-11 所示。流式布局是移动端 Web 开发中比较常见的布局方式。例如，有一元素宽度为 50%，那么它一直占其父元素宽度的一半，且不管父元素如何变化。通过此方法，可以实现盒子宽度随屏幕的自适应变化。

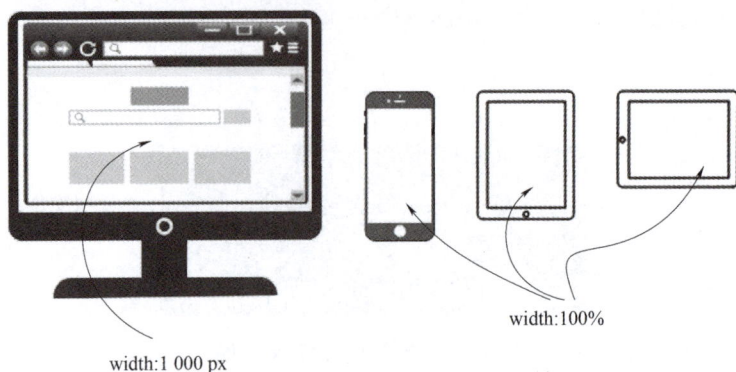

width:1 000 px

width:100%

图 1-11　流式布局示意

2. 弹性布局（flex 布局）

弹性布局又称为 flex 布局，是 W3C 于 2009 年推出的一种布局方式，它可以简单、快速、响应式地实现各种页面布局。如图 1-12 所示，弹性布局可以将任何网页元素当成一个父盒子，将它在横向或者纵向上平均分配成若干个子盒子，因此相比其他布局方式，它更加简单、灵活。如图 1-13 所示，携程移动端页面就是弹性布局的典型应用。

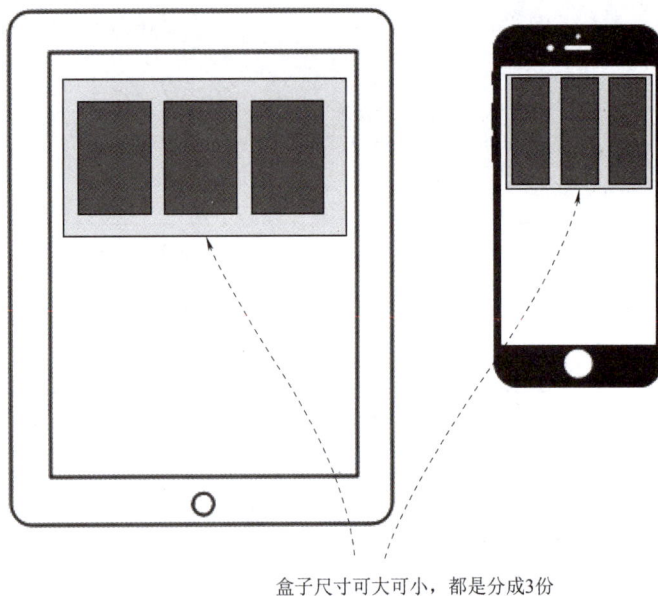

盒子尺寸可大可小，都是分成3份

图 1-12　弹性布局示意

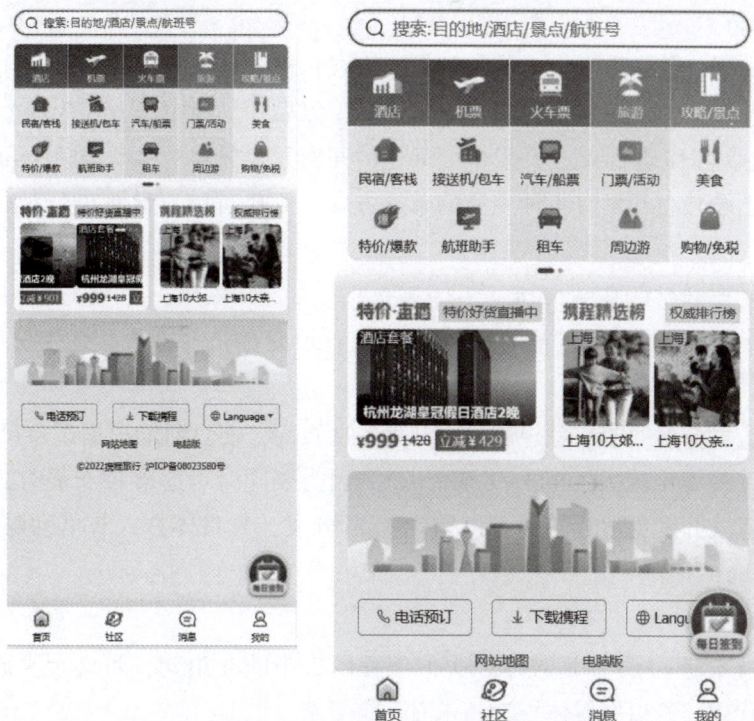

图 1-13　携程移动端页面随屏幕变化示意

3. rem 布局

rem（root em）是一个相对单位。如图 1-14 所示，rem 布局的核心是先设置特定屏幕的单位 1 长度，然后将页面中元素的尺寸全部都设置成以该单位 1 为基准的比值。通过此方式可以实现元素大小的适应性。例如，屏幕宽度为 320 px，则单位 1 设置为 32 px，某元素 a 的宽度为 2，就代表 64 px，如果屏幕宽度为 360 px，则单位 1 设置为 36 px，a 元素的宽度还是 2，则代表 72 px。从这里可以看出，a 元素的宽度随屏幕变宽而变宽。

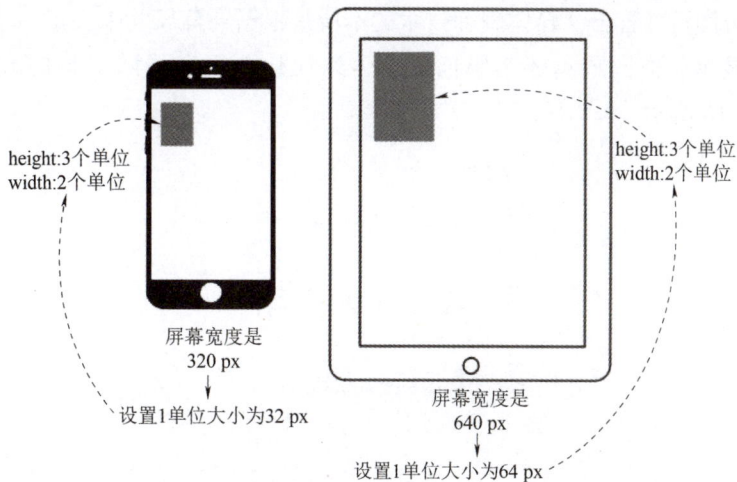

图 1-14　rem 布局示意

4. 混合布局

所谓混合布局，就是综合上面的 3 种布局方式，根据具体的布局需求，选择不同的布局方式。在实际开发中，一般以一种布局方式为主，以另外几种布局方式为辅。

【总结】在实际移动端 Web 开发中，常见的开发方式分别是移动端独立开发和移动端响应式开发。移动端独立开发有 4 种主流的布局方式：流式布局、弹性布局、rem 布局以及混合布局。

知识点 1.2.2 移动端响应式开发

【问题】分别开发 PC 端页面和移动端页面有点麻烦，有没有一次开发，多端共享的方法？

移动端响应式开发的核心思想就是只开发一次页面，使页面能根据设备尺寸自动调节布局方式，且尺寸跨度比较大（300~1 600 px）。因为要同时考虑多种布局方式，难度较高，所以移动端响应式开发更适合较简单的前端 Web 开发，其具体方式有借助媒体查询技术开发和借助 Bootstarp 框架开发。

1. 借助媒体查询技术开发

媒体查询技术是 CSS3 新增技术，类似编程语言中的 if 语句，可实现页面的灵活布局。通过下面的伪代码，可以对媒体查询技术有一定了解。

```
if( 屏幕尺寸 > 320 )
{
  元素 a 隐藏
}
if( 屏幕尺寸 > 768 )
{
  元素 a 显示
}
```

通过上述伪代码可看出，媒体查询技术的本质是根据屏幕尺寸来决定一个元素的布局方式，例如是否显示、横向显示还是纵向显示，以便让页面布局随屏幕的改变而改变，如图 1-15、图 1-16 所示。

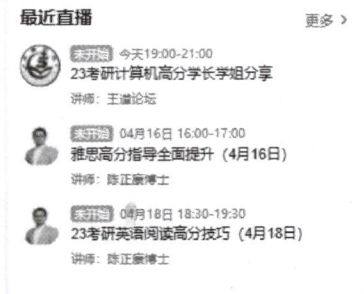

图 1-15 页面在移动端的布局示意

最近直播

· 今天19:00开始	· 今天19:30开始	· 04月16日 16:00开始
23考研大揭秘：方向永远比速度更重要！ 王道论坛	（15日晚7点30）数据分析师BDA证书公开课 Mandy	雅思高分指导全面提升（4月16日） 陈正康博士
· 04月19日 18:30开始	· 04月20日 18:30开始	· 04月20日 18:55开始
24考研小白英语备考指导（4月19日） 陈正康团队马老师	四六级高频核心词高效记忆法（4月20日） 陈正康博士	Python数据分析【华为开发者联盟认证】零基础小白学炫... 刘彩纬副教授

图 1-16　页面在 PC 端的布局示意

2. 借助 Bootstarp 框架开发。

Bootstrap 框架是一个 HTML+CSS+JavaScript 的框架，该框架的基础也是媒体查询技术，因此使用该框架可以很方便地进行移动端响应式开发。BootStrap 框架提供了布局方式、页面内容、工具类和组件。星巴克门户网站页面就是借助 BootStrap 框架开发的。星巴克 PC 端页面如图 1-17 所示，星巴克移动端页面如图 1-18 所示。

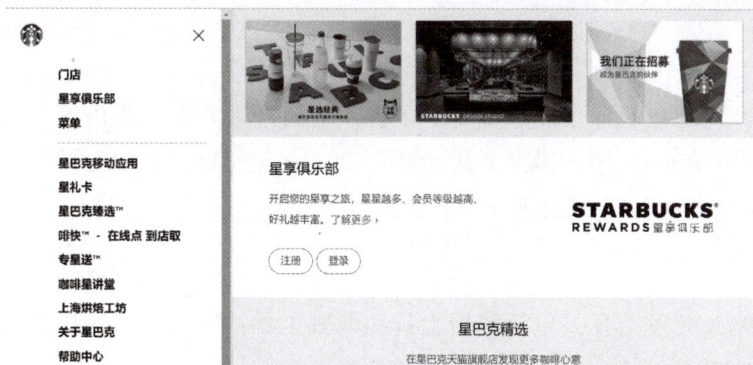

图 1-17　星巴克 PC 端页面

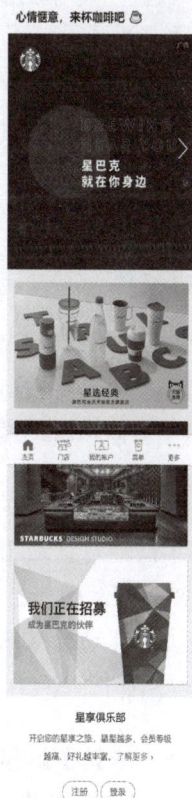

图 1-18　星巴克移动端页面

【总结】移动端响应式开发可以实现一次开发，多端使用，它有两种方式：一是借助媒体查询技术开发，二是借助 BootStrap 框架开发。

素质小站：避免"一叶障目"的学习方式

一叶障目指眼睛被一片树叶挡住而看不到事物的全貌。在学习一门技术或者开发一个项目之前，应该对它所涉及的技术进行全面了解，再选择合适的内容入手，而不应该一开始就埋头苦学、闭门造车，这样做的结果往往是南辕北辙，花费大量时间但效率很低。

【评估总结】

回顾本任务所学知识，完成表 1-7。

表 1-7　任务 1.2 知识回顾

任务 1.2　习题

观察项	回答
移动端 Web 开发有哪两种方式？	
移动端独立开发有哪几种布局方式？	
移动端响应式开发有哪两种方式？	

任务 1.3　移动端 Web 开发准备

【学习目标】

（1）掌握移动端 Web 开发调试的方法。

（2）了解理想视口的概念和设置方法。

（3）会使用移动端公用初始化 CSS 文件。

【任务发布】

小丁已经对移动端 Web 开发的技术背景和选型有所了解，下面进入开发准备阶段。在 PC 端 Web 开发中，小丁曾使用 VSCode 作为编辑工具，使用 Chrome 浏览器作为运行调试工具。在进行移动端 Web 开发时，使用的工具有变化吗？页面设置有何区别？

【任务分析】

首先，应该了解移动端 Web 开发工具，包括编辑工具和调试工具；然后，参考移动端页面 head 标签内的设置，观察其是否与 PC 端页面相同。

【资讯收集】

收集相关资讯，完成表 1-8。

表 1-8   资讯收集

观察项	结论
常见的移动端 Web 开发工具有哪些？	
移动端 Web 开发如何测试？	
移动端页面"https://main.m.taobao.com/"的 meta 内容的作用是什么？	

【知识储备】

知识点 1.3.1   理想视口的概念

任务 1.3   知识储备

【问题】在移动端观看页面时，若网页的宽度比屏幕的宽度小，则需要左右移动网页内容，很不方便。因此，移动端网页都与屏幕一样宽，以便于上下翻动阅读。这是如何做到的？

要使用理想视口，需要手动添写 meta 标签通知浏览器。meta 标签的主要目的是使布局视口的宽度与理想视口的宽度一致，简单理解就是设备有多宽，布局视口就有多宽。

下面是使用 meta 标签实现理想视口的代码。

```
<meta name="viewport" content="width=device-width,initial-scale=1.0,maximum-scale=1.0,minimum-scale=1.0,user-scalable=no">
```

元素属性见表 1-9。

表 1-9   元素属性

属性	解释
width	用来设置视口的宽度，可以设置为特殊值：设备宽度 device-width
initial-scale	初始缩放比，1 表示展示网页时不缩放
maximum-scale	最大缩放比
minimum-scale	最小缩放比
user-scalable	设置用户是否可以进行缩放，0 表示不可以缩放

【总结】理想视口是指页面和屏幕一样宽并且不能缩放，不能调整，可以通过 meta 标签的属性进行设置。

知识点 1.3.2   移动端公用初始化 CSS 文件

【问题】移动端页面和 PC 端页面有很多不同，诸如默认的字体、行高等，每次开发时都需要重新设置吗？

移动端页面的字体、行高默认值往往和 PC 端页面有所区别，且因为浏览器的兼容性，需要一些 CSS 初始化代码，例如：

```
html {
    font-family:sans-serif;
    line-height:1.15;
}
```

所幸移动端 Web 开发并不需要"从零开始"，可以导入公用初始化 CSS 文件，从而大大提高开发效率。

移动端公用初始化 CSS 文件推荐使用"normalize. css"，其官网地址为"http://necolas. github. io/normalize. css"，它能让不同的浏览器在渲染网页元素时样式更统一。"normalize. css"的特点如下。

（1）具有标准化的样式。

（2）可以纠正浏览器的不一致性。

（3）提高了易用性。

（4）使用详细的注释解释代码。

"normalize. css"所支持的浏览器如下。

（1）Google Chrome（最新）。

（2）Mozilla Firefox（最新）。

（3）Mozilla Firefox ESR。

（4）Opera（最新）。

（5）Apple Safari 6+。

（6）Internet Explorer 8+。

"normalize. css"的部分语句截取如下。

```
html {
    font-family:sans-serif;
    line-height:1.15;
        -ms-text-size-adjust:100% ;
-webkit-text-size-adjust:100% ;
}
```

【总结】因为在进行移动端 Web 开发时需要一些共性的 CSS 初始化代码，所以可以直接导入一个移动端公用初始化 CSS 文件，推荐使用"normalize. css"。

素质小站：他山之石，可以攻玉

"他山之石，可以攻玉"意思是，别的山中的石头坚硬，可以用来琢磨玉器，既比喻别国的贤才可为本国效力，也比喻能帮助自己改正缺点的人或意见（图 1-19）。该成语出自《诗经·小雅·鹤鸣》。

图 1-19　他山之石，可以攻玉

移动端的初始化样式虽然可以自行设计，但是自行设计的结果不够完美和全面。学习并使用移动端公用初始化 CSS 文件，以统一、规范 HTML 文件在不同浏览器中的默认样式，这就是使用"他山之石"的例子。

知识点 1.3.3　移动端 Web 开发调试方法

【问题】对于 PC 端 Web 开发，直接用浏览器调试就可以了。对移动端 Web 开发，应该如何调试？

移动端 Web 开发调试方法有以下 3 种。

（1）Chrome DevTools（谷歌浏览器）的模拟手机调试，如图 1-20 所示。

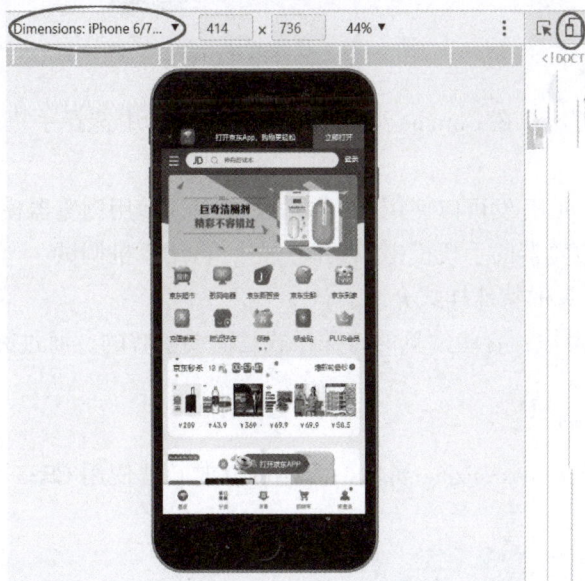

图 1-20　Chrome 浏览器调试页面

（2）搭建本地 Web 服务器，使手机和 Web 服务器在同一个局域网中，通过手机访问 Web 服务器，如图 1-21 所示。

本地Web服务器

图 1-21　本地 Web 服务器调试

（3）使用外网 Web 服务器，直接以 IP 地址或域名访问，如图 1-22 所示。

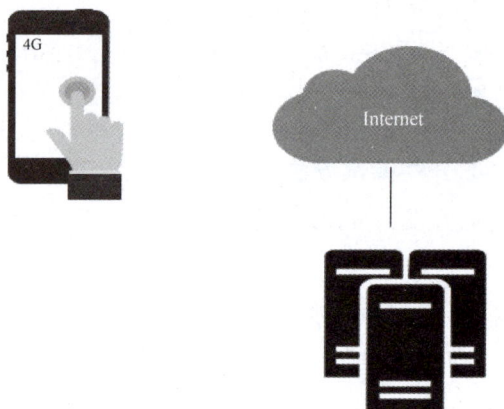

图 1-22　在线调试示意

本书采取第一种方法。在 Chrome 浏览器的开发者工具中选择手机模式，可以从中选择不同的手机型号调试。

【总结】移动端 Web 开发可以使用真机调试，也可以使用浏览器模拟工具调试，一般在实际开发中，会先用浏览器的手机模拟工具调试好，再用真机调试。

【补充】移动端常见的特殊样式介绍

在移动端 Web 开发中，有些常见的特殊样式是需要了解的。通过阅读下面的 CSS 代码，了解常见的特殊样式。

（1）CSS3 盒子模型。

移动端浏览器都支持 box-sizing 属性，因此可以放心地使用 CSS3 盒子模型（盒子的大小是盒子边框的大小）。

```
box-sizing:border-box;
-webkit-box-sizing:border-box;
```

（2）清除点击高亮效果。

在手机屏幕上点击按钮或超链接时，会出现高亮效果，可以通过 -webkit-tap-highlight-color 属性的设置清除该效果（transparent 是"透明"的意思）。

```
-webkit-tap-highlight-color:transparent;
```

（3）去除系统默认的 appearance 样式，常用于 iOS 中移除原生样式。

```
-webkit-appearance:none;
```

（4）禁用长按页面时的弹出菜单。

```
img,a{ -webkit-touch-callout:none; }
```

【任务实施】

步骤与知识关联图如图 1-23 所示。

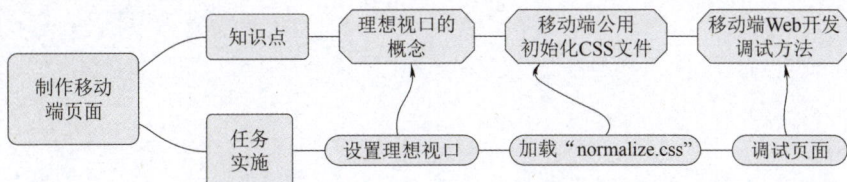

图 1-23 步骤与知识关联图

步骤 1：编写一个移动端页面，为其设置理想视口。

打开 VSCode 编辑器，新建一个"hello.html"文件，在 body 标签中写入内容。

```
<h1>hello,Web 移动开发！</h1>
在 head 标签里增加一个 meta。
<meta name="viewport" content="width=device-width,initial-scale=1.0,maximum-scale=1.0,minimum-scale=1.0,user-scalable=no">
```

步骤 2：下载"normalize.css"文件，导入编写的页面。

下载"http://necolas.github.io/normalize.css"文件，在"index.html"中导入。新建一个 CSS 文件——"index.css"文件，也在"index.html"中导入。

```
<linkrel="stylesheet" href="./normalize.css" />
<link rel="stylesheet" href="./index.css" />
```

步骤 3：熟悉 Chrome DevTools 的使用方法，观察网页在不同设备中的外观。

本步骤参考知识点 1.3.3。

【评估总结】

回顾本任务所学知识，完成表 1-10。

任务 1.3 习题

表 1-10 任务 1.3 知识回顾

观察项	回答
移动端 Web 开发的编辑工具有哪些？你最熟悉哪一种？	

观察项	回答
移动端 Web 开发调试方法有哪些？	
在课堂教学中一般使用哪种移动端 Web 开发调试方法？	
为移动端页面设置理想视口的目的是什么？	
理想视口的 meta 标签的属性是什么？	
在移动端页面导入"normalize. css"的目的是什么？	

项目 2
仿华为手机商城移动端Web开发

【项目介绍】

了解了移动端 Web 开发的技术背景后，小组要正式开发一个实际项目，第一个遇到的问题就是布局。通过前面的学习，可以知道流式布局是移动端 Web 开发中最常用和最简单的布局方式，因此本项目以流式布局作为开端。

2023 年是华为在美国对华制裁常态化下正常运营的第一年，也是关键之年。2023 年 9 月 25 日，华为的 mate60 发布，向全球展示了华为的自信和胜利，宣告华为已经重新站在了行业巅峰。华为的故事表明，技术的提高不能止步于学习、模仿，只有自主创新，才能突破壁垒。本项目开发仿华为手机商城的移动端网页。华为手机商城首页截图如图 2-1 所示。

图 2-1　华为手机商城首页截图

【四维目标】

工程维度

（1）能用软件工程思想管理软件开发过程。

（2）能使用网页框图设计工具。

（3）能制作流程图。

（4）能对代码进行规范化与注释。

（5）能对软件开发过程进行文档总结和展示。

（6）具备资料整理、分类总结的能力。

（7）遵守软件开发的行业规范。

技能维度

（1）能根据具体的页面要求进行技术选型。

（2）能使用流式布局进行页面设计。

（3）能正确运用定位属性进行元素定位。

（4）能使用阿里图标库美化页面。

（5）能使用 jQuery 实现移动端触摸动态。

（6）能使用 CSS3 动画。

（7）能使用 CSS3 伪元素和伪类。

知识维度

本项目的知识维度如图 2-2 所示。

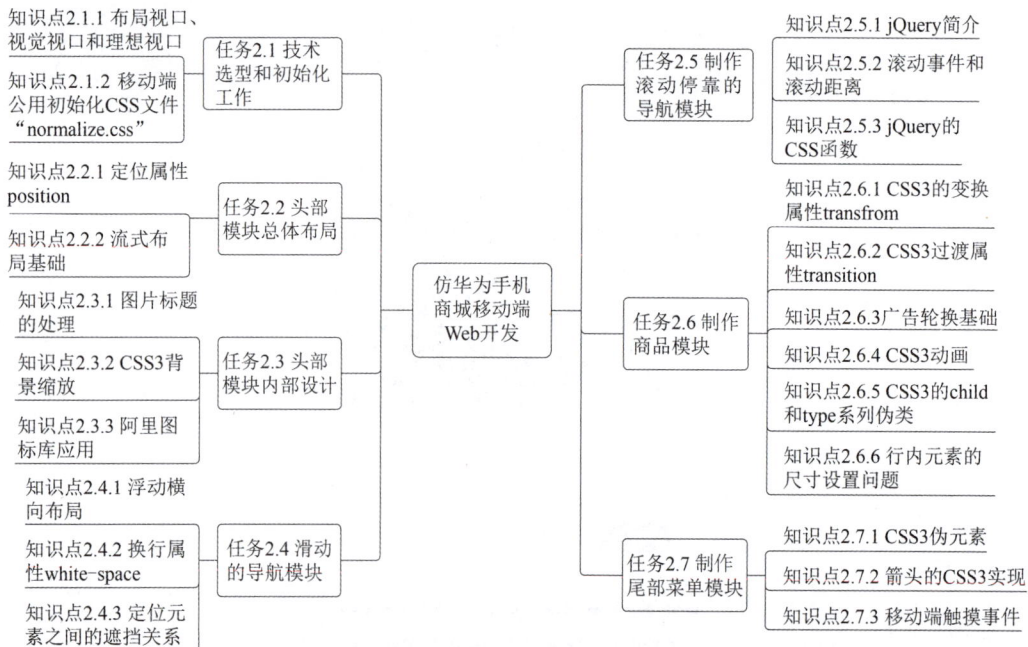

图 2-2 项目 2 的知识维度

素质维度

（1）工欲善其事，必先利其器。

（2）智者顺时而谋，愚者逆理而动。

（3）尽善尽美的工作态度。

（4）类比学习法。

（5）站在巨人的肩膀上。

（6）磨刀不误砍柴工。

（7）工作方式规范化。

【学习要求】

（1）课前了解"学习目标"，完成"任务发布""资讯收集"和"任务分析"部分的内容。

（2）课中带着问题跟随老师完成"知识储备"部分的学习。

（3）课中根据操作视频或自行完成"任务实施"的内容。

（4）课中以组内或组间或教师点评的形式完成"评估总结"的内容。

【所涉 1+X 证书考点】

Web 前端开发职业技能等级要求（初级）见表 2-1。

表 2-1　Web 前端开发职业技能等级要求（初级）

工作领域	工作任务	职业技能要求
1. 静态网站制作	1.2　HTML5 静态网页开发	1.2.1　能使用 HTML5 语义化元素搭建页面主体结构； 1.2.4　能使用 HTML5 新特性制作移动端静态网页
	1.3　CSS 网页设计	1.3.1　能使用 CSS 选择器获取网页元素； 1.3.2　能使用 CSS 单位、字体样式、文本样式、颜色、背景等美化页面样式； 1.3.3　能使用 CSS 盒模型、区块、浮动、定位等设计网页布局
	1.4　CSS3 网页设计	1.4.2　能使用 CSS3 边框、颜色、字体、盒阴影、背景、渐变等新特性美化页面样式； 1.4.3　能使用 CSS3 动画、过渡等完成网页动态效果； 1.4.4　能使用 CSS3 多列布局、弹性布局等设计网页布局； 1.4.5　能使用 2D、3D 转换完成网页元素的旋转、平移、缩放和倾斜效果

续表

工作领域	工作任务	职业技能要求
3. 轻量级前端框架应用	3.1　jQuery 基础编程	3.1.1　能在网页中引入 jQuery； 3.1.2　能使用 jQuery 操作网页元素； 3.1.3　能使用 jQuery 修改网页元素样式； 3.1.4　能使用 jQuery 事件响应用户的交互操作

【建议学时】

本项目建议学时见表 2-2。

表 2-2　项目 2 建议学时

任务	学时
任务 2.1	1
任务 2.2	2
任务 2.3	2
任务 2.4	2
任务 2.5	3
任务 2.6	2
任务 2.7	2

任务 2.1　技术选型和初始化工作

【学习目标】

（1）能根据页面的具体要求采用合适的移动端布局方式。

（2）能为移动端项目建立合理的网站资源结构。

（3）了解视口的概念，并根据需要设置 meta 标签。

（4）会为移动端页面进行 CSS 初始化。

（5）了解"normalize.css"文件并使用它初始化页面。

【任务发布】

小组的第一个移动端 Web 开发项目是仿华为手机商城移动端 Web 开发，本任务完成开发之前的技术选型、开发调试工具选择、项目目录结构建立、初始化等工作。

素质小站：工欲善其事，必先利其器

　　"工欲善其事，必先利其器"的意思是，工匠要想做好工作，一定要先让工具锋利，比喻要做好一件事，准备工作非常重要，出自《论语·卫灵公》。

　　在开始项目之前，要做好工作计划制定、人员分配、项目的初始化等工作。和完成一个小的案例不同，项目的初始化需要按照工作标准或行业规范做好技术选型、文件夹设置、文件设计、页面 CSS 初始化等工作，工作虽然烦琐，但能为后续开发的顺利进行保驾护航。

　　对于本任务，应该明白开展工作不能盲目，要有准备、有计划地开展工作。

【资讯收集】

　　收集相关资讯，完成表 2-3。

表 2-3　资讯收集

观察项	结论
你知道"华为"品牌的发展历程吗？请你说一说华为的故事	
针对"仿华为手机商城"开发项目，考虑该页面的外观特点，你觉得应该采用移动端独立开发还是移动端响应式开发？	

【任务分析】

　　任务开始之前，同学们分好开发小组，分配组长和组员，明确主要工作内容，完成表 2-4。

表 2-4　人员分配

角色	主要工作	人员
组长	任务分配，进度推动，报告形成	
资料员	资讯收集整理，过程性开发文档编制	
开发人员	软件设计、编码、测试	

　　开发之前要考虑技术方案等问题，按照表 2-5 所示工作次序，给出最终的技术方案。

表 2-5　工作次序

观察项	结论
选择移动端独立开发还是移动端响应式开发？（该网站的 PC 端页面已存在）	
考虑碎片化的屏幕现状，采取 4 种主流布局方式中的哪一种？（流式布局、弹性布局、rem 布局、混合布局）	
选择何种代码编辑工具和调试工具？	

【初步思路】

小组进行讨论：根据经验，应该如何分步骤完成任务？将初步思路填入表 2-6。

表 2-6　初步思路

开发流程	待解决问题

【知识储备】

知识点 2.1.1　布局视口、视觉视口和理想视口

（1）**布局视口**。布局视口即页面所包含的像素值。如图 2-3 所示，左边的移动端屏幕比较窄，但是它所呈现的页面和右边的原始页面是一样的，因此，左边的布局视口和右边的布局视口一样，都是页面宽度。

缩小后的页面　　　　原始页面

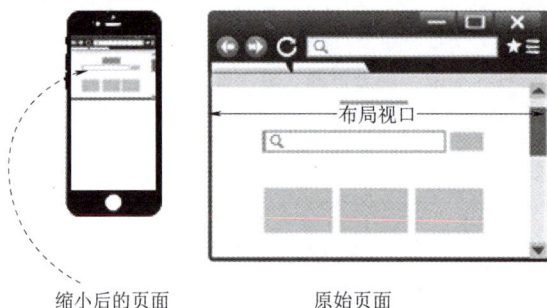

图 2-3　布局视口示意

（2）**视觉视口**。视觉视口的大小（即用户所看到页面宽度的像素值）与用户的缩放行为有关。如图 2-4 所示，当用户放大页面时，视觉视口变小（用户看到的像素变少）；当用户缩小页面时，视觉视口变大（用户看到的像素变多）。在默认情况下，视觉视口完整地包住布局视口（想象一下，把 PC 端页面放到移动端中时，页面虽然很小，但都在用户的视野内）。

（3）**理想视口**。理想视口是指设备有多宽，布局视口就有多宽，如图 2-5 所示。

（a） （b）

（c）

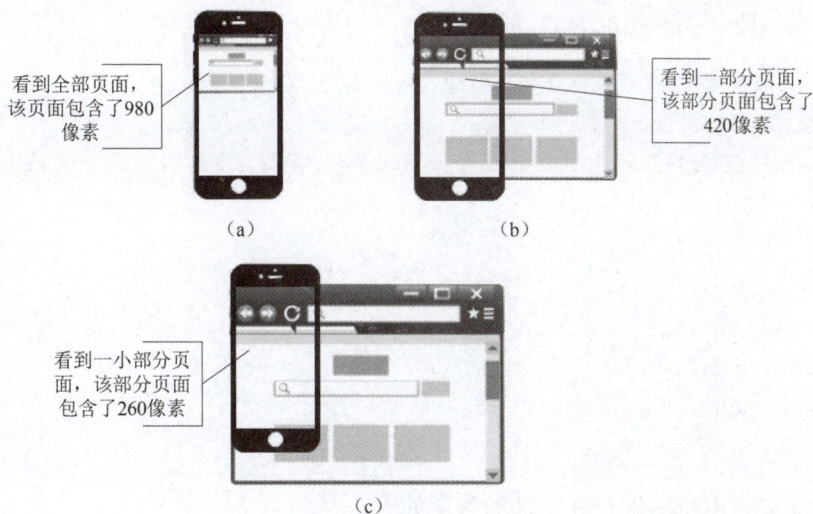

图 2-4 视觉视口示意

（a）视觉视口：980 px；（b）视觉视口：420 px；（c）视觉视口：260 px

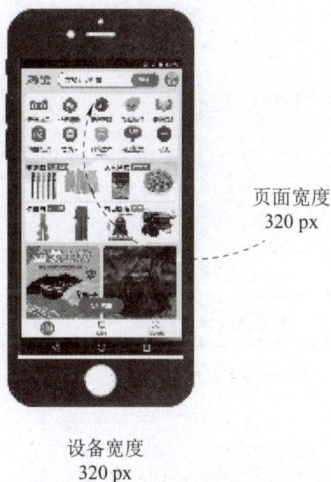

页面宽度
320 px

设备宽度
320 px

图 2-5 理想视口示意

由上述介绍可知，布局视口的默认宽度并不是理想的宽度，对于移动端来说，最理想的情况是用户打开页面后不需要缩放。这就是为什么苹果公司和其他效仿苹果公司的浏览器厂商引进理想视口。只有专门为移动端开发的网站才有理想视口这一说法。只有在页面中加入 viewpoint 的 meta 标签，理想视口才生效。

使用 meta 标签实现理想视口的代码见知识点 1.3.1。

【总结】进行移动端 Web 开发需要了解理想视口的概念，也就是页面和屏幕一样宽并且不能缩放，不能调整，必须通过 meta 标签的属性进行设置。

知识点 2.1.2 移动端公用初始化 CSS 文件 "normalize.css"

"normalize.css" 是一种支持 HTML5 的现代 CSS 替代方案，能够使浏览器更一致地呈现所有元素，即能让不同的浏览器在渲染网页元素的时候样式更统一。

下面展示一段"normalize.css"的源代码。

```
/* 1.更改所有浏览器中的默认字体系列。
2.在所有浏览器中更正行高度。
3.防止在 Windows Phone 和 iOS 中的 IE 中更改方向后调整文字大小。
*/
html {
  font-family:sans-serif; /* 1 */
  line-height:1.15; /* 2 */
  -ms-text-size-adjust:100%; /* 3 */
  -webkit-text-size-adjust:100%; /* 3 */
}
```

使用移动端公用初始化 CSS 文件的作用如下。

（1）制作移动端页面时不需要考虑浏览器的兼容性问题。

（2）不需要考虑移动端与 PC 端的差异。

【任务实施】

步骤与知识关联图如图 2-6 所示。

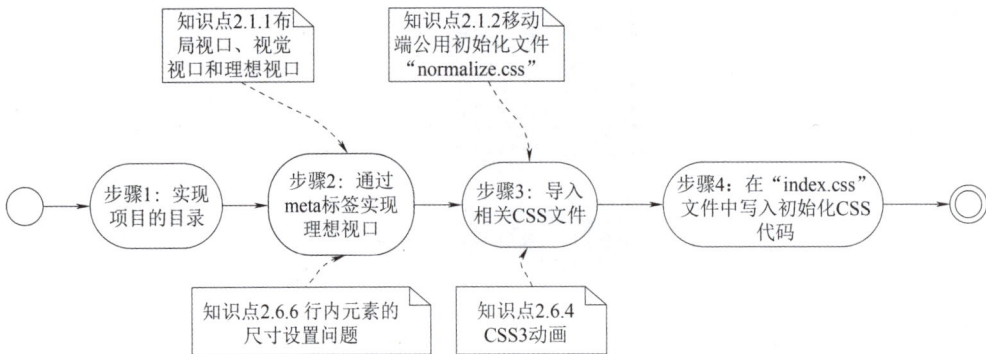

任务 2.1　任务实施

图 2-6　步骤与知识关联图

步骤 1：实现项目的目录结构。

建立图 2-7 所示项目的目录结构。

图 2-7　项目的目录结构

步骤 2：通过 meta 标签实现理想视口。

```
<meta name="viewport" content="width=device-width,initial-scale=1.0,user-scalable=no,maximum-scale=1.0,minimum-scale=1.0" />
```

步骤 3：导入相关 CSS 文件。

项目中目前有两个 CSS 文件，一个是"normalize.css"，用来给出移动端页面的公共样式，一个是"index.css"。

```
<linkrel="stylesheet" href="./css/normalize.css" />
<link rel="stylesheet" href="./css/index.css" />
```

步骤 4：在"index.css"文件中写入初始化 CSS 代码。

需要清除点击高亮效果，代码如下。

```
* {
-webkit-tap-highlight-color:transparent;
}
禁用长按页面时的菜单
img,
a {
-webkit-touch-callout:none;
}
重置超链接默认样式
a {
color:#666;
text-decoration:none;
}
设置 UL 默认样式
ul {
margin:0;
padding:0;
list-style:none;
}
设置标题、段落默认样式
h1,
h2,
h3,
h4,
h5,
h6,
p {
```

```
margin:0;
padding:0;
}
运用 CSS3 盒子模型
* {
box-sizing:border-box;
}
设置 body 初始化样式
body {
width:100%;
/* 目前最小手机宽度 */
min-width:320 px;
/* 通过观察京东首页,发现最大宽度为 640 px */
max-width:640 px;
/* 当网页宽度小于屏幕宽度时,将其居中 */
margin:0 auto;
/* 文字大小、字体、颜色、行高也参考京东移动端页面 */
font-size:14 px;
font-family:-apple-system,Helvetica,sans-serif;
color:#666;
line-height:1.5;
/* 设置背景颜色,以便于观察 */
background-color:#eee;
}
```

【观察结果】缩放浏览器窗口,发现当屏幕宽度小于等于 640 px 时,页面满屏,当屏幕宽度大于 640 px 时,页面居中。

【评估总结】

进行任务实施评估,完成表 2-7。

表 2-7 任务实施评估   任务 2.1 习题

观察项	评价
小组角色分配情况是否明确	
项目文件夹设置是否合理	
页面结构是否合理	
页面外观是否与效果图一致	
当屏幕尺寸变化时,效果是否正常	

回顾本任务所学知识，完成表 2-8。

表 2-8　知识回顾

观察项	回答
理想视口的重要属性 width、initial-scale、user-scalable、maximum-scale、minimum-scale 的含义是什么？	
移动端公用初始化 CSS 文件的作用是什么？	

任务 2.2　头部模块总体布局

【学习目标】

（1）能使用定位属性进行页面布局。

（2）掌握流式布局基础，能使用宽度百分比控制页面自适应宽度。

【任务发布】

当收缩浏览器窗口时，会发现首页头部的 LOGO 会变小，其右侧的图标会变得拥挤，如图 2-8 所示。

图 2-8　头部模块缩放比较

【资讯收集】

收集相关资讯，完成表 2-9。

表 2-9　资讯收集

观察项	结论
观察淘宝移动端页面的头部模块（m.taobao.com），它的位置特点和缩放特点与本任务一致吗？	
查找其他移动端网站首页，看一看哪些头部模块与本任务相似	

【任务分析】

进行任务分析，完成表 2-10。

表 2-10 任务分析

观察项	结论
头部模块在页面中的位置特点是什么？	
当头部模块随着屏幕宽度缩放时（将浏览器窗口变宽和变窄），可以观察到什么现象？	

素质小站：智者顺时而谋，愚者逆理而动

　　该句出自（南朝宋）范晔《后汉书·朱浮传》。当进入一个新的学习或工作环境，遇到不习惯、不喜欢的事物时应该如何处理？不应该主观上一味地排斥或者自我封闭。应该积极地寻求解决问题的方法，改变不合理的事物，接受合理的事物，以适应新的环境。

　　本任务中的头部模块在不同宽度的屏幕中都能合理布局，这就是一种"自适应"的能力。

【初步思路】

　　小组进行讨论：根据经验，应该如何分步骤完成任务？将初步思路填入表 2-11。

表 2-11 初步思路

开发流程	待解决问题

【知识储备】

知识点 2.2.1　定位属性 position

　　页面的导航部分是固定在页面的头部的，即当网页内容滚动时，导航部分固定在页面的顶部不动。这样的布局方式就是固定定位。position 属性可以控制元素的定位方式，它有 4 个取值，见表 2-12。

任务 2.2　知识储备

表 2-12 position 属性值

position 属性值	含义
static（静态定位）	HTML 元素的默认值，即没有定位，遵循正常的文档流对象
Relative（相对定位）	相对定位元素的定位是相对其正常位置而言的。它必须搭配 top、bottom、left、right 这 4 个属性一起使用，用来指定偏移的方向和距离。相对定位元素不会脱离正常的文本流，只是位置相对正常位置移动一些

position 属性值	含义
absolute（绝对定位）	相对于上级元素（一般是父元素）进行偏移，即定位基点是父元素。它有一个重要的限制条件：定位基点（一般是父元素）不能是 static 定位，否则定位基点就会变成整个页面的根元素 html。另外，absolute 定位也必须搭配 top、bottom、left、right 这 4 个属性一起使用
fixed（固定定位）	相对于视口（viewport，浏览器窗口）进行偏移，即定位基点是浏览器窗口。这会导致元素的位置不随页面滚动而变化，好像固定在页面中一样

1. 相对定位和绝对定位的应用

在实际应用中，relative 和 absolute 往往一起使用，分别应用于父元素和子元素。通过一个案例可以更简单地了解它们，如图 2-9 所示。

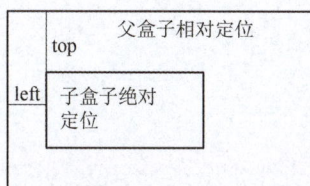

图 2-9　父/子盒子定位示意

案例 2.1

```
.father {
    width:500 px;
    height:300 px;
    margin:auto;
    background-color:gray;
}
    .child {
        width:100 px;
        height:100 px;
        background-color:red;
    }

<div class="father">
<div class="child"></div>
</div>
```

这是一个普通的静态定位，最终的结果是父元素包含子元素，如图 2-10 所示。

图 2-10 父/子元素定位 (1)

为上面的代码增加几条语句，如下所示。

```
.father {
    position:relative;
}
.child {
    position:absolute;
    top:-5 px;
    left:-50 px;
}
```

为父元素加上相对定位，为子元素加上绝对定位，并添加定位值，则子元素脱离了正常的文档流，移动到父元素的左上方，如图 2-11 所示。具体的偏移量是由 left 和 top 的值决定的。因为 top 是-5 px，所以子元素在父元素的偏上 5 px 处。这种方式在实际应用中非常常见。京东页面定位实例如图 2-12 所示。

图 2-11 父/子元素定位 (2)

图 2-12 京东页面定位实例

在该实例中，将鼠标指针放到商品上，则出现"找相似"按钮，商品的盒子是父元素，"找相似"按钮是子盒子，子盒子是通过绝对定位的方式定位到父盒子的下方，绝对定位的元素不会影响父元素，因此看起来"找相似"按钮"漂浮"在商品的上面。

【结论】absolute 和 relative 经常会合作完成子元素相对于父元素的定位，其实父元素不一定总是 relative，它还可以是 fixed、absolute，但是只有 relative 不影响父元素本身的布局，因此它的应用最为广泛。

2. 固定定位的应用

固定定位的元素也是相对于某个元素固定，只是"某个元素"不再是父元素，而是浏览器窗口。

案例 2.2

```
    .fix {
    position:fixed;
    bottom:0;
    right:0;
    background-color:gray;
    }
```

通过上述代码可以将元素定位到浏览器窗口的右下角，如图 2-13 所示。京东首页右侧的导航部分就是相对于屏幕固定定位的。

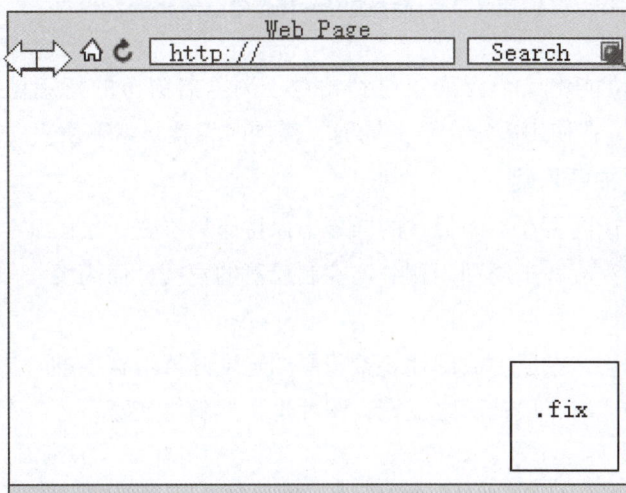

图 2-13　固定定位示例

在默认的静态定位中，一个盒子的宽度默认是 100%，而当这个盒子变成固定定位、绝对定位时，它的宽度变成了 auto。下面通过代码演示绝对定位对盒子宽度的影响。

案例 2.3

```
<style>
  .div1 {
      background-color:brown;
  }

  .div2 {
      position:fixed;
      background-color:green;
  }
</style>
```

```
</head>
<body>
  <div class="div1">static 定位的盒子</div>
  <div class="div2">fix 定位的盒子</div>
</body>
```

效果如图 2-14 所示。

图 2-14　静态定位和固定定位的比较

【结论】固定定位能将一个元素定位到相对于浏览器窗口的特定位置，这个位置是由 top、left 属性决定的。在使用固定定位的同时，需同时设置元素宽度。

知识点 2.2.2　流式布局基础

流式布局是为了让网页在不同尺寸的屏幕中保持布局不变，且图片、文字可以随着屏幕的大小改变。这是因为流式布局利用百分比控制元素的宽度，而高度一般是固定的。

案例 2.4

在页面中放一个层，在层中放图片。希望层的宽度是屏幕宽度的一半，而图片一直和容器一样宽。当屏幕变宽时，层就随之变宽，图片也自然随之变宽。

CSS 代码如下。

```
.container {
        width:50% ;
        padding:5 px;
        border:1 px solid gray;
        text-align:center;
}
.containerimg {
        width:100% ;
}
HTML 代码
<body>
    <div class="container">
        <img src="./v75-super-black.png" alt="" />
    </div>
</body>
```

在本案例中，层的宽度不是具体的像素值，而是 50%，这意味着它的宽度是随着父元素 body 变化的，而图片也设置了宽度，是 100%，这意味着图片的宽度和父元素"．container"相同，高度没有设置，相当于"height：auto"。因此，图片的高度会随着宽度的变化而变化，如图 2-15 所示。图片的高宽比不会变化，因此图片不会变形。

图 2-15　屏幕变化引起图片变化

【结论】流式布局的基本原理是通过宽度的比例设置，让元素自适应屏幕尺寸。

【多学一招】

（1）一般来说，如果一个元素的宽度设置成百分比，则它的参考对象是其父元素的宽度。

（2）一个固定元素如果设置宽度百分比，则它的参考对象是浏览器窗口。

【任务实施】

任务 2.2　任务实施（一）

任务 2.2　任务实施（二）

任务 2.2　任务实施（三）

步骤与知识关联图如图 2-16 所示。

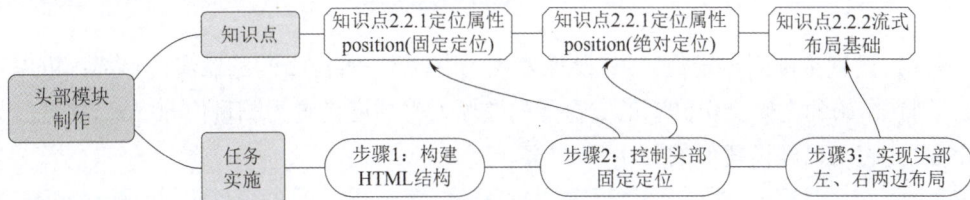

图 2-16　步骤与知识关联图

步骤 1：构建 HTML 结构。

【目标】实现头部的 HTML 结构，分成左、右两部分，左边为标题，右边为 3 个导航模块。

【操作】头部盒子包含一个标题和一个 ul，ul 中的 li 存放超链接。

```
<header class="app">
<h1>华为</h1>
```

```
    <ul>
        <li>
            <a href = "#">搜索</a>
        </li>
        <li>
            <a href = "#">个人</a>
        </li>
        <li>
            <a href = "#">菜单</a>
        </li>
    </ul>
</header>
```

步骤 2：控制头部固定定位。

【目标】将头部固定定位到浏览器窗口顶部，和 body 一样宽，即使页面下滚，位置也保持不变。将高度设置为测量值 60 px，如图 2-17 所示。

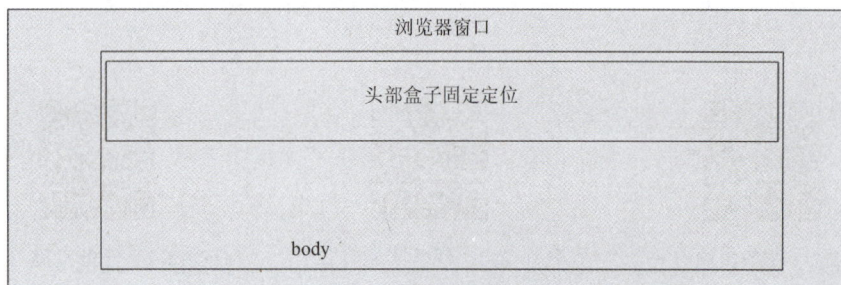

图 2-17　头部模块线框图

【操作】设置头部固定定位，top 设置为 0，则头部一直位于浏览器窗口顶部；可以不设置 left，则它初始的左侧定位到它的父盒子的左侧。将高度设置为测量值 60 px。将宽度设置为 100%，使它与已经设置好的 body 一样宽。

```
.app {
    position:fixed;
    top:0;
    height:60 px;
    width:100% ;
}
```

【效果】当浏览器窗口宽度达到 640 px 以上时，头部盒子并没有和父元素 body 一样宽，而是和浏览器窗口一样宽。

【分析】在上述代码中，会发现头部盒子的宽度并不是和 body 一样宽，而是和浏览器窗口一样宽——对于固定定位的盒子，如设置其宽度 100%，指的是浏览器窗口宽度的 100%。

应加上最小宽度和最大宽度的设置，才能达到和 body 一样宽的目的。

```
min-width:320 px;
max-width:640 px;
```

【效果】与图 2-17 所示一样，盒子和 body 一样宽，而且固定在浏览器窗口顶部。

步骤 3：实现头部左、右两边布局。

【目标】实现头部左边的区域、右边的区域，并且这两个区域的宽度随着浏览器窗口的宽度变化。

【操作】

（1）先将头部左、右两个区域变成绝对定位，而它们的父元素已经是固定定位的，无须再做多余处理（如果父元素是静态定位的，则需要将父元素设置成相对定位了）。

（2）绝对定位的元素宽度需要设置，因为使用流式布局，所以可以用百分比表示宽度。这个宽度来自效果图的测量值，用左边区域的宽度除以父盒子的宽度得到百分比，同理得到右边区域的百分比。

```
.app h1 {
    position:absolute;
    left:0;
    top:0;
    width:30% ;
    height:60 px;
    background:pink;
}

.app ul {
    position:absolute;
    right:0;
    top:0;
    width:36% ;
    height:60 px;
    background:pink;
}
```

【效果】如图 2-18 所示，头部左、右两边区域的宽度随着浏览器窗口的宽度变化。

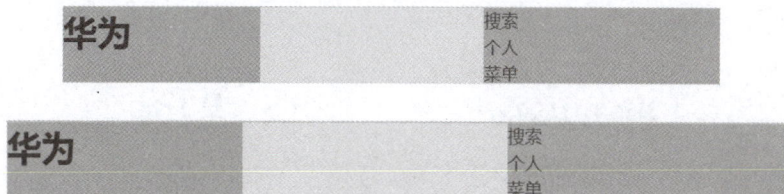

图 2-18　头部左、右两边区域效果

【评估总结】

进行任务实施评估，完成表 2-13。

任务 2.2 习题

表 2-13 任务实施评估

观察项	评价
是否完成小组任务分配	
设计文档是否合理	
HTML 代码是否规范，是否有注释	
头部模块是否在浏览器窗口顶部	
头部模块是否使用流式布局实现左、中、右分布	

回顾本任务所学知识，完成表 2-14。

表 2-14 知识回顾

观察项	回答
固定定位是相对页面定位，还是相对浏览器窗口定位？	
绝对定位元素的父元素可能采用哪些定位方式？	
使用百分比设置元素的宽度有什么作用？	
流式布局的核心就是使用百分比设置元素的高度和宽度，这句话正确吗？	

任务 2.3 头部模块内部设计

【学习目标】

（1）会设置图片标题，保证语义与外观的优化。

（2）能使背景图片根据浏览器窗口的宽度变化实现背景图片的缩放。

（3）能设计页面需要的图标并运用。

【任务发布】

在上一个任务中使用流式布局完成了头部模块的定位和左、中、右的比例分配。本任务在该模块中加入具体内容，如图 2-19 所示，包括左边的图片和右边的"放大镜""个人""菜单"图标。

图 2-19 头部模块内部设计效果

【资讯收集】

收集相关资讯，完成表 2-15。

表 2-15　资讯收集

观察项	结论
请观察 www.taobao.com 页面中的"淘宝"图片，查看其代码，查看它使用了什么标签（不是图片，是图片的外层元素），并思考原因	
了解网页"图标"的概念，在网页中可以使用图标代替图片，这样做有什么好处？	

【任务分析】

进行任务分析，完成表 2-16。

表 2-16　任务分析

观察项	结论
头部左边区域看上去很简单，只有一张图片，用于表明此网站是"华为"官网。但是，使用图片作为标题有一个很大的问题，即搜索引擎很难得出该网站是"华为"官网的结论。应该如何处理，使页面既能符合搜索引擎优化的规则，又能在视觉效果上更美观、醒目？	
头部右边区域不是图片，是"字体图标"。如何制作图标？	

【初步思路】

小组进行讨论：根据经验，应该如何分步骤完成任务？将初步思考填入表 2-17。

表 2-17　初步思路

开发流程	待解决问题

【知识储备】

知识点 2.3.1　图片标题的处理

在网页中，人们经常将 LOGO 当作网页的标题，例如淘宝网的标题，如图 2-20 所示。

任务 2.3　知识储备

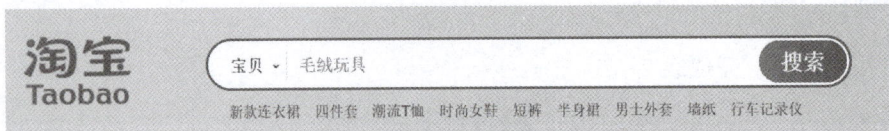

图 2-20　淘宝网的标题

从网页内容上来说，这里应该是标题，标题中有文字，表示该网站是淘宝网，但是这里是图片。应该如何处理，才能既保持这种外观，又在网页结构上作为标题呢？

这里介绍一种常见的做法。先使用一级标题存放文字"淘宝"，然后将背景设置成图片。

```
<style>
    h1 {
        margin:0;
        width:300 px;
        height:200 px;
        background:url(./淘宝 .png)no-repeat center gray;
    }
</style>
<body>
<h1>淘宝</h1>
</body>
```

效果如图 2-21 所示。

图 2-21　图片标题效果（1）

虽然背景很好地显示，但是文字"淘宝"也出现了，在结构上需要"淘宝"文字，以使网页内容完整，符合搜索引擎优化的规则，而在视觉上不需要文字"淘宝"，因此应想办法让文字"淘宝"消失。

可以通过 padding 设置，将文字"赶出"元素范围，如图 2-22 所示，再隐藏文字"淘宝"。

```
padding-top:200 px;
overflow:hidden;
```

淘宝

图 2-22　图片标题效果（2）

素质小站：尽善尽美

　　该成语的意思是极其完善，极其美好，形容事物完美到没有缺点。在制作页面时也要追求尽善尽美的境界。例如在本任务中，仅从外观来说，用一张图片就可完成标题，但这在网页结构上不合理，且不利于搜索引擎检索。使用图片标题，既实现了页面结构的完美，又使页面呈现较好的外观效果。

知识点 2.3.2　CSS3 背景缩放

　　本任务中的"淘宝"图片明显比元素小，这是因为图片的尺寸比元素小，对于普通图片（img）可以通过设置 CSS 宽度让其缩放，那么背景图片能缩放吗？

　　CSS3 提供了新属性 background-size，它可以控制背景图片的尺寸，其属性值见表 2-18。

表 2-18　background-size 属性值

background-size 属性值	含义
300 px	将背景图片宽度缩放 300 px，保持高宽比不变
300 px 200 px	将背景图片宽度缩放 300 px，高度缩放 200 px，可能变形
100%	将背景图片宽度缩放成和盒子的宽度一样，高度自动，保持比例
100% 100%	将背景图片宽度缩放成和盒子的宽度一样，高度缩放成和盒子的高度一样，可能变形
cover	保证背景图片全面覆盖盒子（背景图片比盒子大或二者相等）
contain	保证盒子能包含背景图片（盒子比背景图片大或二者相等）

　　如图 2-23 所示，左边元素的 background-size 是 contain，右边元素的 background-size 是 cover，可以发现它们的区别。

知识点 2.3.3　阿里图标库的应用

　　阿里图标库的网址为 https://www.iconfont.cn/。阿里图标库可以帮助开发者选择需要的图标，形成自己的字体库。下面介绍如何使用阿里图标库。

　　首先申请一个账号，之后就可制作图标。在"图标"菜单中选择"个人"选项，就可以看见很多关于"个人"的图标，如图 2-24 所示。

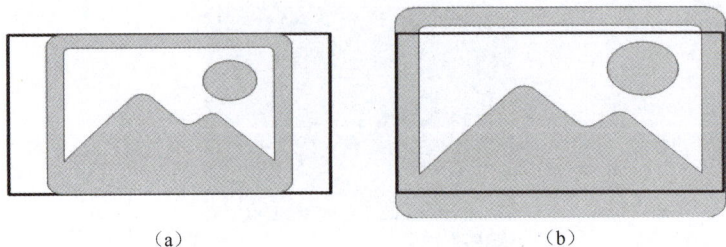

（a） （b）

图 2-23 contain 和 cover 的区别

（a）contain；（b）cover

个人　　　　　　　个人　　　　　　　个人

个人　　　　　　　个人　　　　　　　个人

图 2-24 阿里图标示意

（1）在阿里图标库中选择需要的图标，单击"添加入库"按钮，然后继续选择，直到所有图标选择完毕。

（2）单击购物车图标，选择"添加至项目"选项，输入项目名"huaweifont"，单击"确定"按钮，进入图 2-25 所示的界面。

个人　　　　　　菜单　　　　　　放大镜
icon-personal　　icon-caidan　　icon-Magnifier

图 2-25 "我的图标库"示意

（3）单击"下载至本地"按钮。

（4）打开"demo.html"文件，选择"Font class"选项（"Unicode""Simbol"选项的使用方法类似）。

（5）根据介绍将字体图标应用到自己的项目中。

下面的案例就在自己的网页中使用放大镜图标。

案例 2.5

```html
<head>
<link rel="stylesheet" href="./font/iconfont.css" />
</head>


<body>
<span class="iconfont icon-Magnifier"></span>
</body>
href="./font/iconfont.css" 表示 iconfont.css 文件的路径,效果是出现放大镜。
```

字体图标的本质是文字，可以通过 font-size 设置大小，还可以通过 color 改变颜色。

【任务实施】

任务 2.3　任务实施（一）　　　任务 2.3　任务实施（二）　　　任务 2.3　任务实施（三）

步骤与知识关联图如图 2-26 所示。

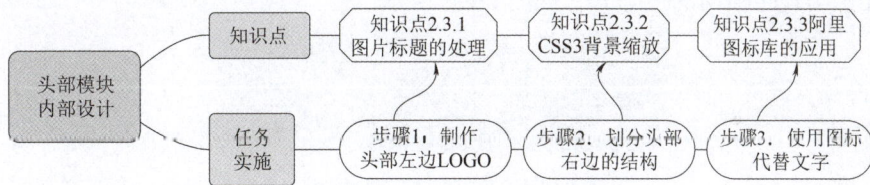

图 2-26　步骤与知识关联图

步骤 1：制作头部左边 LOGO。

【目标】 使 HTML 结构中有文字"华为"，以图片的形式显示，并且图片能随着浏览器窗口的尺寸变化，如图 2-27 所示。

图 2-27　头部 LOGO 效果

【操作】 头部左边部分 h1 的 CSS 代码如下。设置背景图片，居中对齐，不重复，再将背景图片的尺寸设置为 contain，以完整地、尽可能大地显示"华为"图标。

```
background:url(../images/logo.svg)center no-repeat;
background-size:contain;
```

文字部分是文字形式的。

```
<h1>华为</h1>
```

通过设置上内边距，将文字"挤"到下面，然后使用溢出隐藏技术来隐藏文字。

```
padding-top:60 px;
overflow:hidden;
```

【效果】HTML 结构中有文字，效果中只显示图片，没有文字，并且图片可以缩放。

步骤 2：划分头部右边的结构。

【目标】将头部右边分成 3 份，每份尺寸占 1/3。

【操作】目前头部右边是 ul，3 个 li 是纵向排开的。使用 float 将 li 横向排开，且设置宽度为 1/3。

```
.appul>li {
    float:left;
    width:33.333% ;
}
```

【效果】实现了横向的三等分，如图 2-28 所示。

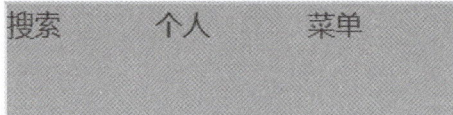

图 2-28　头部右边的结构划分

【操作】设置文本横向和纵向对齐。

```
height:60 px;
line-height:60 px;
text-align:center;
```

效果如图 2-29 所示。

图 2-29　头部右边文字对齐效果

步骤 3：使用图标代替文字。

【目标】使用图标替代替文字，调整文字大小为 28 px。

【操作】在前面的案例中，已经在阿里图标库中下载了需要的 3 个图标。如图 2-30 所示，在项目文件夹中新建一个 "font" 文件夹，将相关字体文件复制到该文件夹中。

图 2-30　字体文件目录

在网页中导入 "iconfont. css" 文件。

```
<linkrel="stylesheet" href="./font/iconfont.css">
```

修改 HTML 代码，将文字替换成图标，为每个图标编写相应的类名。

```
<ul>
    <li>
        <a href="#"><span class="iconfont icon-Magnifier"></span></a>
    </li>
    <li>
        <a href="#"><span class="iconfont icon-personal"></span></a>
    </li>
    <li>
        <a href="#"><span class="iconfont icon-caidan"></span></a>
    </li>
</ul>
```

通过观察可以发现，字体库的默认文字大小是 16 px，因此在 CSS 中重新设置文字大小。

```
.appul>li a span {
    font-size:28 px;
}
```

图标代替文字效果如图 2-31 所示。

图 2-31　图标代替文字效果

【评估总结】

进行任务实施评估，完成表 2-19。

任务 2.3　习题

表 2-19　任务实施评估

观察项	评价
是否完成小组任务分配	
网页结构是否合理	
网页外观是否与效果图一致	
设计文档是否合理	
头部左边"华为"图标是否采用了标题标签	
头部左边"华为"图标是否随着浏览器窗口宽度缩放	
头部右边是否采用了图标	
头部右边图标是否随着浏览器窗口宽度缩放	

回顾本任务所学知识，完成表 2-20。

表 2-20　知识回顾

观察项	回答
在网页中用图片取代标题，从而让网页结构完整，视觉效果美观，是如何实现的？	
通过 CSS 的哪个属性可以对背景图片进行缩放？	
本任务采用哪个网站实现自定义图标？	

任务 2.4　滑动的导航模块

【学习目标】

（1）能实现浮动横向布局。

（2）会使用换行属性实现横向布局。

（3）了解定位属性的层次关系并能通过 z-index 进行调整。

【任务发布】

手机屏幕较小，如何展示很多款商品？

现有的很多移动端页面都给出了解决方案——采用允许手指滑动的导航模块，如图 2-32 所示。

图 2-32　滑动的导航模块效果

【资讯收集】

收集相关资讯，完成表 2-21。

表 2-21　资讯收集

观察项	结论
还有哪些网站采用可以滑动的导航模块？请举出一个例子	
导航模块一般采用哪些标签？	
回顾定位的 4 种方式，进行简单总结	
当导航模块的长度大于容器时，一般进行换行处理，如何才能使其不换行？	

【任务分析】

导航模块的长度较大并且固定，超过了浏览器窗口的范围，如图 2-33 所示。浏览器窗口中只展示图 2-34 所示的部分导航模块，当手指在屏幕上左右滑动时，能显示隐藏的部分。

图 2-33　所有的导航模块内容

图 2-34　被显示的导航模块内容

进行任务分析，完成表 2-22。

表 2-22　任务分析

观察项	结论
观察导航模块的静态外观，说明它有什么特点	
观察导航模块的动态外观，说明它有什么特点	

【初步思路】

小组进行讨论：根据经验，应该如何分步骤完成任务？将初步思路填入表 2-23。

表 2-23　初步思路

开发流程	待解决问题

【知识储备】

知识点 2.4.1　浮动横向布局

实现图 2-35 的导航模块布局。

任务 2.4　知识储备

导航1	导航2	导航3	导航4

图 2-35　导航模块的静态布局示意

HTML 结构如下。

```
<nav class="slide-nav">
    <ul>
        <li><a href="#">导航1</a></li>
        <li><a href="#">导航2</a></li>
        <li><a href="#">导航3</a></li>
        <li><a href="#">导航4</a></li>
    </ul>
</nav>
```

在 CSS 设计中，为了使 li 不因浏览器窗口宽度的限制而换行，首先给出 ul 的总长度，然后按比例为 li 划分宽度，如 4 个导航模块，每个 li 的宽度就是 25%，再让 li 左浮动，就可以实现如图 2-35 所示效果。主要代码如下（不含高度）。

```
ul {
    width:600 px;
}
ul>li {
    float:left;
    width:25% ;
}
```

在以上代码中，li 不换行，不管浏览器窗口多宽，都按照 600 px 排列。

知识点 2.4.2　换行属性 white-space

在前面的做法中，如图 2-36 所示，ul 的宽度固定为 600 px，这样不利于导航模块的灵活调整，在减少或增加一个子导航项的，都需要修改这个宽度。如果不固定宽度，当宽度太大时 li 就会换行，如图 2-37 所示。

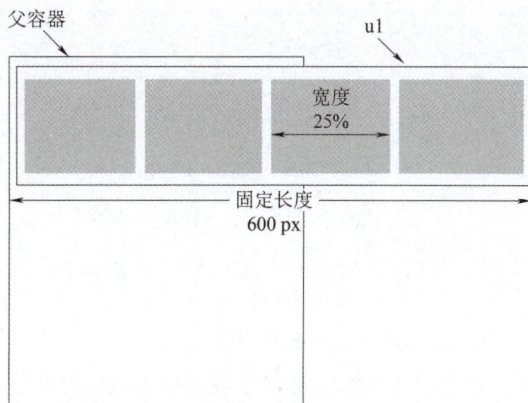

图 2-36　固定 ul 宽度的导航模块布局方式

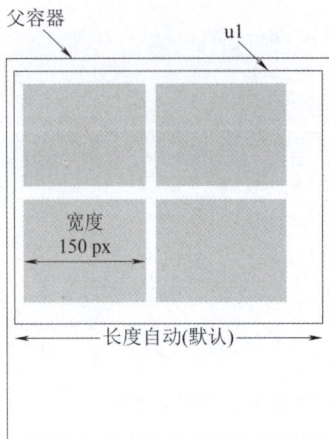

图 2-37　不固定宽度的导航模块布局方式

在页面开发中，有以下情况：①无论输入多少个空格或回车，最终都会合并为一个空格；②在文字超过 1 行的情况下，会自动换行。可以通过 white-space 属性应对这种情况，其属性值见表 2-24。

表 2-24　white-space 属性值

white-space 属性值	含义
normal	所有空格/换行/退格都合并成一个空格，文本自动换行
nowrap	所有空格/换行/退格都合并成一个空格，文本不换行

值得注意的是，white-space 属性值中的换行与否是对文本而言的，而 li 并不是文本，这时该如何处理呢？

其实，除了 float（浮动）属性能够使导航模块并列，还可以通过设置 li 为 inline-block 元素来操作，也就是使其符合"文本"的要求。

```
ul {
    white-space:nowrap;
}
ul>li {
    width:150 px;
    display:inline-block;
}
```

以上代码在移动端的调试效果如图 2-38 所示。

在移动端调试窗口中，已经可以滚动该导航模块，但是流畅度不高。那么如何提高流畅度？

-webkit-overflow-scrolling 属性用来控制元素在移动端是否有回弹的效果，其属性值见表 2-25。

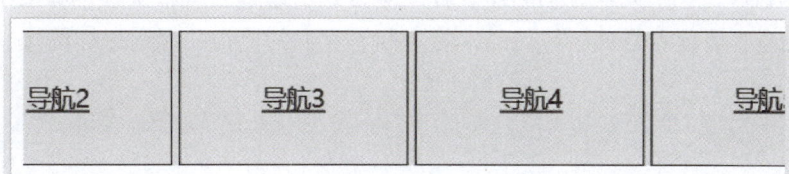

图 2-38　调试效果

表 2-25　–webkit–overflow–scrolling 属性值

–webkit–overflow–scrolling 属性值	含义
auto	使用普通滚动，当手指在屏幕上离开时，滚动立即停止
touch	使用具有回弹效果的滚动，当手指从屏幕上移开，内容会继续保持一段时间的滚动。继续滚动的速度和持续的时间和滚动手势的强烈程度成正比

通过设置–webkit–overflow–scrolling 属性可以让滚动更为流畅。

知识点 2.4.3　定位方式元素的遮挡关系

元素定位方式有 4 种：static（静态定位）、fixed（固定定位）、relative（相对定位）、absolute（绝对定位）。它们亦即 position 属性值，其解释见表 2-26。

表 2-26　position 属性值的解释

position 属性值	解释
static（静态定位）	默认值。没有定位，元素出现在正常的流中（忽略 top、bottom、left、right 或者 z-index 声明）
relative（相对定位）	生成相对定位的元素，通过 top、bottom、left、right 的设置相对于其正常（原先本身）位置进行定位
absolute（绝对定位）	生成绝对定位的元素，相对于静态定位以外的第一个父元素进行定位。元素的位置通过 left、top（right）以及 bottom 属性进行规定
fixed（固定定位）	生成绝对定位的元素，相对于浏览器窗口进行定位。元素的位置通过 left、top（right）以及 bottom 属性进行规定

后 3 种定位方式的元素都出现在静态定位元素的上方，统称为"定位元素"。但是，后 3 种定位方式的元素同时出现时，其遮挡关系如何？请看下面的例子。

```
<div class="container">
    <div class="absolute">absolute</div>
    <div class="fixed">fixed</div>
    <div class="relative">relative</div>
</div>
```

通过设置 CSS 让 3 个元素分别采用 3 种定位方式，通过设置背景颜色和大小就可以观察它们的遮挡关系。请读者尝试运行代码，然后回答它们的遮挡关系是怎样的。

案例 2.6

```
.container {
    position:relative;
    width:500 px;
    height:200 px;
    background-color:blue;
}

.fixed {
    position:fixed;
    left:0;
    top:0;
    background-color:rgb(255,255,255);
    width:100 px;
    height:100 px;
}

.relative {
    position:relative;
    background-color:rgb(255,0,0);
    width:50 px;
    height:50 px;
}

.absolute {
    position:absolute;
    background-color:rgb(0,255,0);
    left:0;
    top:0;
    width:200 px;
    height:200 px;
}
```

通过一系列比较可以发现，3 种定位方式元素的遮挡关系仅取决于它们的出现次序，因此得出结论：在高度优先级上，absolute=relative=fixed。

如果需要控制元素的高低次序，例如让 relative 的元素出现在最上层，应该怎么办？

对非 static 的兄弟元素的 z-index 属性进行设置，z-index 的值越大，元素的位置就越高，会遮挡其他元素。

素质小站：类比学习法

  position 属性是 CSS 中的常见属性，它的 3 个属性值读者并不陌生，但是读者对它们的高度关系却不一定了解。在本知识点中，通过对 3 种定位方式的元素的位置进行类比，发现了其中的规律——后出现的元素位置更高。这就是类比学习法的运用实例。将类似的内容放在一起进行比较，找出相似点和不同点，有助于更好地掌握知识点。

  在工作中，如果遇到让人迷惑的问题，应该细致认真地进行类比排查，直到找出问题的本质。

【任务实施】

任务 2.4　任务实施（一）　　　　任务 2.4　任务实施（二）　　　　任务 2.4　任务实施（三）

步骤与知识关联图如图 2-39 所示。

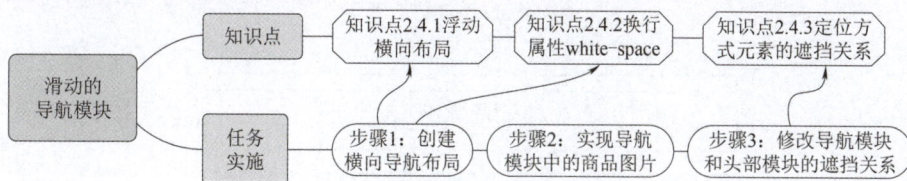

图 2-39　步骤与知识关联图

步骤 1： 创建横向导航布局。

【目标】 创建横向导航布局以及内部元素。

【操作】 创建 HTML 结构。

```
<nav class="slide-nav">
<ul>
    <li>
        <a href="#">P 系列</a>
    </li>
    <li>
        <a href="#">Mate 系列</a>
    </li>
    <li>
        <a href="#">nova 系列</a>
    </li>
    <li>
```

```
                <a href = "#">畅享系列</a>
            </li>
        <li>
            <a href = "#">手机对比</a>
        </li>
        <li>
            <a href = "#">配件</a>
        </li>
        <li>
            <a href = "#">畅连</a>
        </li>
    </ul>
</nav>
```

【目标】 如图 2-40 所示，设置 .slide-nav 的内边距为上 40 px，下 10 px，左、右 10 px，
li 的尺寸为 124 px×86 px。

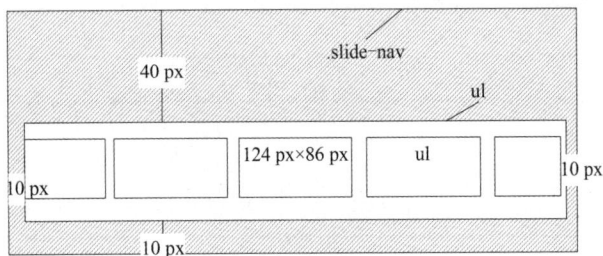

图 2-40　导航模块线框图

【操作】

```
.slide-nav {
/* 防止导航被固定定位的头部挡住,向下一点 */
    margin-top:120 px;
    padding:40 px 10 px;
}
.slide-nav ul>li {
    display:inline-block;
    width:124 px;
    height:86 px;
    background-color:#fff;
}
```

【效果】 此时 7 个 li 的宽度均为 124 px，超过了浏览器窗口宽度，会换行显示。

【目标】 通过将 ul 设置为 white-space：nowrap 实现横向不换行；ul 溢出 .slide-nav 的区

域隐藏。

```
.slide-nav {
   ...
   overflow-x:scroll;
}
.slide-nav ul {
   white-space:nowrap;
}
```

【效果】如图 2-41 所示，实现了子导航项的横向布局。

【目标】根据计算，如图 2-42 所示，子导航项上内边距为 32 px，圆角；行高为 54 px，文本横向居中对齐；文字颜色为半透明黑色，文字大小为 12 px。

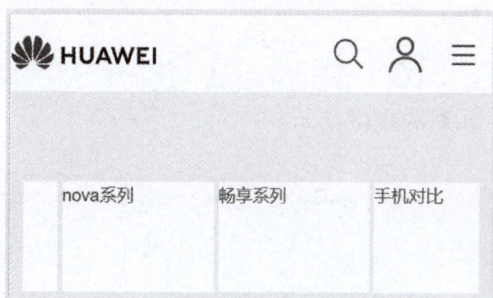

图 2-41　子导航项的横向布局效果

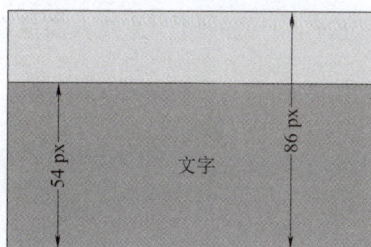

图 2-42　导航模块内部尺寸

【操作】对子导航项的圆角、内边距、行高、文字对齐方式、文字大小、文字颜色进行处理。

```
padding-top:32 px;
border-radius:5 px;
line-height:54 px;
text-align:center;
color:rgba(0,0,0,.5);
font-size:12 px;
```

【效果】实现了导航模块内部布局，如图 2-43 所示。

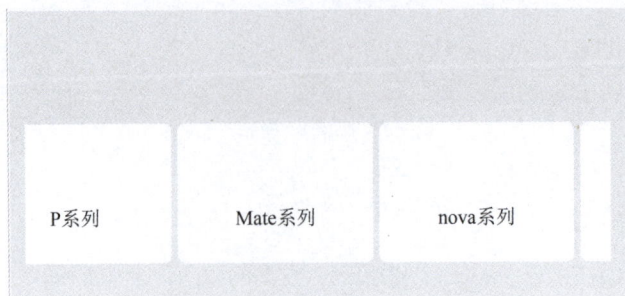

图 2-43　导航模块内部布局

【目标】增加滑动属性，让滑动更加顺畅。

【操作】为 ul 添加代码。

```
-webkit-overflow-scrolling:touch;
```

【目标】将 .slide-nav 元素隐藏滚动条。

【操作】

```
::-webkit-scrollbar {
    display:none;
    /*隐藏滚动条*/
}
```

步骤 2：实现导航模块中的商品图片。

【目标】实现 80 px×80 px 的固定定位的层，并放入商品图片。

【操作】

（1）实现 HTML 结构。

```
<li>
<div class="img-container">
<img src="./upload/nav1.png" alt="">
</div>
<a href="#">P 系列</a>
</li>
```

（2）设置盒子尺寸为 80 px×80 px，绝对定位到 li 的 22 px、-40 px 位置处。

①为父元素 li 添加相对定位。

```
position:relative;
```

②设置 .img-container 为绝对定位。

```
.slide-navul>li .img-container {
    position:absolute;
```

```
    top:-40 px;
    left:22 px;
    width:80 px;
    height:80 px;
}


.slide-nav ul>li .img-container>img {
    width:100% ;
}
```

【效果】刷新时页面导航效果正常，如图 2-44 所示，但是当页面比较长时，页面向上滚动，出现了图 2-45 所示的效果，也就是导航条覆盖了之前的头部模块。

图 2-44　页面导航效果

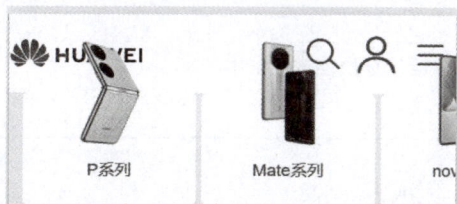

图 2-45　页面上滚效果

步骤 3：修改导航模航和头部模块的遮挡关系。

【目标】让头部模块覆盖导航模块。

【操作】在头部模块和导航模块中增加 z-index 属性。

```
.app {
  position:fixed;
  z-index:2;
}

.slide-nav{
  position:relative;
```

```
  z-index:1;
}
```

效果如图 2-46 所示。

图 2-46　导航模块最终效果

【总结评估】

进行任务实施评估，完成表 2-27。

任务 2.4　习题

表 2-27　任务实施评估

观察项	评价
是否完成小组任务分配	
网页结构是否合理	
网页外观是否与效果图一致	
设计文档是否合理	
导航模块是否可以随着浏览器窗口宽度缩放	
导航模块是否可以左右滑动	

回顾本任务所学知识，完成表 2-28。

表 2-28　知识回顾

观察项	回答
如何实现元素从左到右布局？	
哪个属性可以实现行内元素的不换行显示？	
哪个属性可以实现滑动回弹效果？	
相对定位、绝对定位、固定定位如果是兄弟关系，则它们的遮挡关系是如何决定的？	
如果想改变 3 种定位方式元素的遮挡关系，可以修改哪个属性的值？	

任务 2.5　制作滚动停靠的导航模块

【学习目标】

(1) 了解 jQuery 的应用范围。

(2) 能使用 jQuery 库化简 Web 前端代码。

(3) 会使用 jQuery 的 scroll( )函数捕捉页面滚动事件并响应。

(4) 能使用 jQuery 的 CSS 函数实现页面样式动态修改。

> **素质小站：站在巨人的肩上**
>
> "如果我比别人看得更远，那是因为我站在巨人的肩上。"这句家喻户晓的名言来自著名的科学家牛顿。
>
> jQuery 是一个快速、小型且功能丰富的 JavaScript 库。它借助易于使用的 API（可在多种浏览器中使用），使 HTML 文档的遍历和操作、事件处理、动画和 AJAX 等变得更加简单。
>
> 因此，使用 jQuery 库可以使 Web 前端编程变得简单方便，相当于站在巨人的肩上看世界，一切都更加轻松。

【任务发布】

观察本任务的效果（图 2-47），可以发现导航模块随着页面的上下滚动，外观发生了改变。当页面向上滚动时，被浏览器窗口上边挡住后，导航模块不再向上滚动，而是停靠在固定的地方，变成了固定定位。当页面向下滚动时，悬停效果消失。

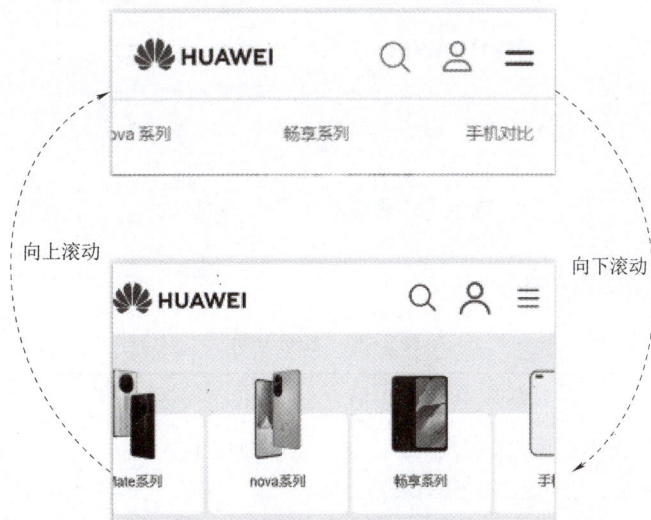

图 2-47　滚动停靠的导航模块效果示意

【资讯收集】

收集相关资讯，完成表 2-29。

表 2-29　资讯收集

观察项	结论
打开网址"https://m.jd.com/"，或者在浏览器的移动端调试方式下打开"jd.com"，观察是否有"滚动停靠"效果。你还能找到其他例子吗？	
用百度搜索"滚动停靠"，了解有哪些方式可以实现该效果	

【任务分析】

图 2-48 和图 2-49 所示分别为常态下的导航模块和停靠状态下的导航模块。

图 2-48　常态下的导航模块

图 2-49　停靠状态下的导航模块

进行任务分析完成表 2-30。

表 2-30　任务分析

观察项	结论
当页面向上滚动时，导航模块的外观发生了什么变化？它的定位方式是哪种？（固定定位、绝对定位、相对定位）	
当页面向下滚动时，导航模块的外观又发生了什么变化？	

【初步思路】

小组进行讨论：根据经验，应该如何分步骤完成任务？将初步思路填入表 2-31。

表 2-31　初步思路

开发流程	待解决问题

【知识储备】

任务 2.5　知识储备

知识点 2.5.1　jQuery 简介

jQuery 是 JavaScript 的一个工具库，工具库就是封装好的 JavaScript 函数，可以直接在程序中调用。jQuery 的设计宗旨是"写更少的代码，做更多的事情"。

此处只对本任务涉及的 jQuery 知识进行讲述，使只有 JavaScript 基础的读者能看得懂，学会使用方法。有 jQuery 基础的读者可以忽略该部分。

1. 导入 jQuery 库文件

jQuery 官网地址为 http://code.jquery.com/。

可以在 jQuery 官网选择一个版本的 jQuery 库文件下载。

jQuery 文件名如果带"min"，表示是压缩版，如果不需要调试源代码，可以选择压缩版（比较小巧）。

将"jquery.min.js"文件放在项目的"js"文件夹中。通过以下语句引入该文件。

```
<scriptsrc="./js/jquery.min.js"></script>
```

2. 入口函数

```
$(function(){
   //开始写 jQuery 代码...
});
```

该处的代码将在网页加载成功后执行。

案例 2.7

```
<script>
   $(function(){
      alert( $('#p').text());
   });
</script>
```

3. jQuery 获得网页元素

jQuery 可根据 id、class、标签名获得网页元素，并且包裹成 jQuery 元素。jQuery 元素可以使用 jQuery 对象的方法。

案例 2.8

```
$(p).css({
  background-color:red;
             });
```

$('p') 是通过 p 标签获得 DOM 元素，并且包裹成 jQuery 元素。CSS 方法是 jQuery 对象的方法，可设置该元素的 CSS 样式，相当于以下 JavaScript 原生代码。

```
document.getElementByTagName("p").style.backgroundColor="red";
```

（1）$("p")表示获得的标签是 P 的元素。

（2）$("#point")表示获得的 id 是 point 的元素。

（3）$(".part")表示获得的 class 是 part 的元素。

4. jQuery 元素事件响应

在 JavaScript 原生代码中，响应事件的编写方式如下。

```
document.getElementById("XXX").onclick=function(){ alert('hello')}
```

在 jQuery 代码中，响应事件的编写方式如下。

```
$("#xxx").click(function(){ alert('hello')})
```

知识点 2.5.2　滚动事件和滚动距离

在本任务中，触发的是滚动事件，即将页面向下滚动或向上滚动都会触发该事件。当滚动页面时，就会触发滚动事件。

发生滚动事件的是 window 对象。

案例 2.9

```
$(function(){
    $(window).scroll(function(){
      console.log( $(window).scrollTop());
    });
});
```

当页面设计得比较长时，如果滚动页面，就会在控制台上输出滚动距离。

知识点 2.5.3　jQuery 的 CSS 函数

jQuery 拥有两种用于 CSS 设置的重要函数：

```
(1) $(selector).css(name,value)
(2) $(selector).css({properties})
```

jQuery 还有一种获得 CSS 属性的重要函数：

```
$(selector).css(name)
```

jQuery 可以通过这 3 个函数轻松地动态修改元素的 CSS 属性或者获得它们。下面举几个例子。

```
$("p").css("background-color","red");
$("p").css({"background-color":"red","font-size":"200% "});
$("p").css("background-color");
```

第 1 句，设置 p 标签的背景颜色为红色。

第 2 句，设置 p 标签的背景颜色为红色，文字尺寸为基础尺寸的 2 倍。注意第 2 句中 CSS 函数的参数其实是一个 JSON 对象。它是由一系列键值对组成的。

第 3 句，获得 p 标签的背景颜色。

如果需要批量设置元素的 CSS 属性，则使用第 2 句效率更高。

案例 2.10

CSS 方法可以级联使用，例如：

```
$("li")
    (1)css("background-color","pink");
    (2)css("color","red");
    (3)css("fontSize","32 px");
```

还有另外一种使用 JSON 对象作为参数，同时控制多种属性的 CSS 函数用法，例如：

```
$("li").css({
    background-color:"pink",
    color:"red",
    fontSize:"32 px",
    border:"1 px solid black"
});
```

【任务实施】

步骤与知识关联图如图 2-50 所示。

步骤 1：响应滚动事件。

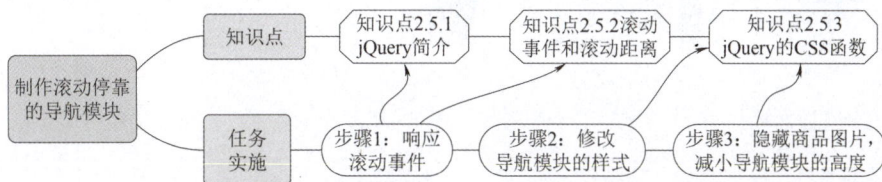

任务 2.5　任务实施（一）

任务 2.5　任务实施（二）

任务 2.5　任务实施（三）

图 2-50　步骤与知识关联图

【目标】当页面上下滚动时，响应滚动事件，并打印滚动距离。

【操作】

（1）导入 jQuery 库文件。

（2）添加 jQuery 代码。

```
$(function(){
    $(window).scroll(function(){
        var scrH= $(window).scrollTop();
        console.log(scrH);
    });
});
```

【效果】可以在控制台上观察到滚动数据。

步骤2：修改导航模块的样式。

【目标】当页面滚动到 100 px 时，修改导航模块 li 的样式，让其变成固定定位，商品图片消失。

【操作】让浏览器窗口响应滚动事件，当滚动距离大于 100 px 时，设置导航模块固定定位到距离顶部 60 px 处并取消其上外边距。

```
$(function(){
    $(window).scroll(function(){
        var scrH= $(window).scrollTop();
        console.log(scrH);
        if(scrH > 100)
            $('.slide-nav').css({
                position:'fixed',
                top:'60 px',
                'margin-top':0
            });
    });
});
```

【效果】导航模块变宽了，如图 2-51 所示。

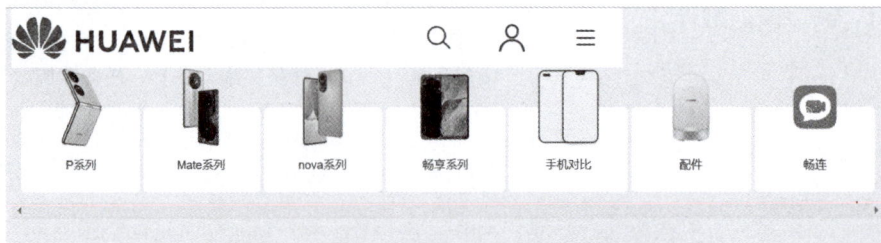

图 2-51　导航模块超出父元素的效果

原因是之前导航模块是静态定位，它的宽度默认是父元素的 100%，而现在变成绝对定位，宽度变成 auto（自动）。它里面是 ul，很宽，因此它也变得很宽，超过了 body 的宽度。如果使其宽度恢复为父元素的 100%，需要重新设置，而且此处不要忘记进行最大宽度和最小宽度的设置。

【操作】在上述代码中增加导航模块的宽度限制代码。

```
width:'100%',
'min-width':'320 px',
'max-width':'640 px'
```

【效果】当页面滚动到 100 px 处时，导航模块悬停，如图 2-52 所示。

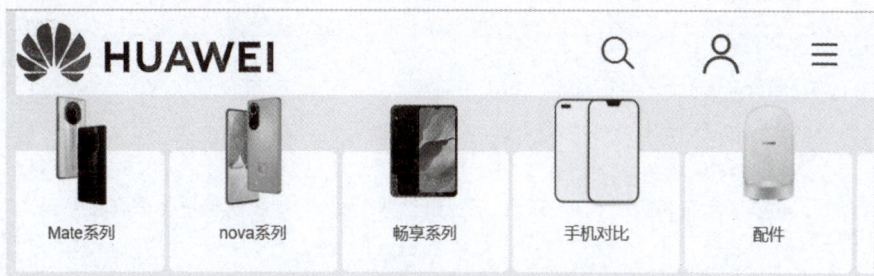

图 2-52　调整之后的导航模块效果

【目标】当页面向下滚动时，导航模块恢复静态定位。

【操作】补充 JS 代码。

```
if(scrH > 100)
            $('.slide-nav').css({
            position:'fixed',
            top:'60 px',
            'margin-top':0,
            width:'100%',
            'min-width':'320 px',
            'max-width':'640 px'
        });
    else
        $('.slide-nav').css({
            position:'static',
            'margin-top':'120 px'
        });
```

【效果】实现了页面向上/下滚动时导航模块停靠和恢复状态的切换。

步骤 3：隐藏商品图片，减小导航模块的高度。

【目标】当页面向上滚动时，隐藏商品图片，修改导航模块的尺寸，让其变扁，如

图 2-53 所示。

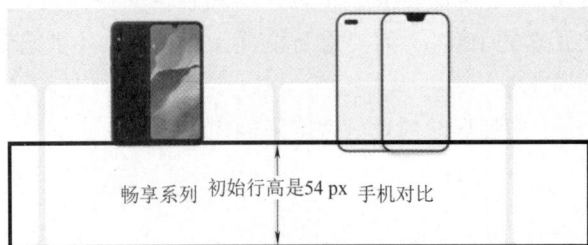

图 2-53　导航模块外观改变示意

【操作】增加滚动时对导航中 li 的控制和对商品图片的控制。完整代码如下。

```
$(function(){
    $(window).scroll(function(){
        var scrH= $(window).scrollTop();
        console.log(scrH);
        /* 当滚动距离大于 100 px,也就是滚动条下拉时,使导航模块停靠在顶部 */
        if(scrH > 100){
            $('.slide-nav').css({
                position:'fixed',
                top:'60 px',
                'margin-top':0,
                width:'100%',
                'min-width':'320 px',
                'max-width':'640 px',
                'padding-top':'10 px'
            });
            $('.slide-nav ul>li').css({
                'padding-top':0,
                height:'54 px'
            });
            $('.slide-nav ul>li .img-container').css({
                display:'none'
            });
        } else {
        /* 当滚动条距离变小时,导航模块恢复静态定位,商品图片显示出来 */
            $('.slide-nav').css({
                position:'static',
                'margin-top':'120 px',
                'padding-top':'40 px'
```

```
            });

        $('.slide-nav ul>li').css({
            'padding-top':'32 px',
            height:'86 px'
        });

        $('.slide-nav ul>li .img-container').css({
            display:'block'
        });
        }
    });
});
```

【总结评估】

进行任务实施评估，完成表 2-32。

任务 2.5　习题

表 2-32　任务实施评估

观察项	评价
是否完成小组任务分配	
网页结构是否合理	
设计文档是否合理	
页面向上滚动时，效果是否与效果图一致	
页面向下滚动时，效果是否与效果图一致	

回顾本任务所学知识，完成表 2-33。

表 2-33　知识回顾

观察项	回答
jQuery 代码与 JavaScript 原生代码相比有哪些好处？	
jQuery 如何获得元素？	
jQuery 如何响应事件？	
jQuery 如何获得和设置元素属性？	
"滚动停靠"效果响应的是什么事件？	

任务 2.6 制作商品模块

【学习目标】

（1）能使用 CSS3 实现元素过渡效果。

（2）能使用 CSS3 实现关键帧简单动画。

（3）能熟练运用 child 和 type 伪类选择页面元素。

（4）能熟练掌握超链接的尺寸设置方法。

【任务发布】

页面商品模块的具体内容很长，分成静态商品展示部分和动态动画展示部分。

静态商品展示部分展示标题和两款热门商品，动态动画展示部分展示若干商品，并且可以自动向左轮播，当手指触摸屏幕时，轮播停止，过 1 秒继续轮播，如图 2-54 所示。

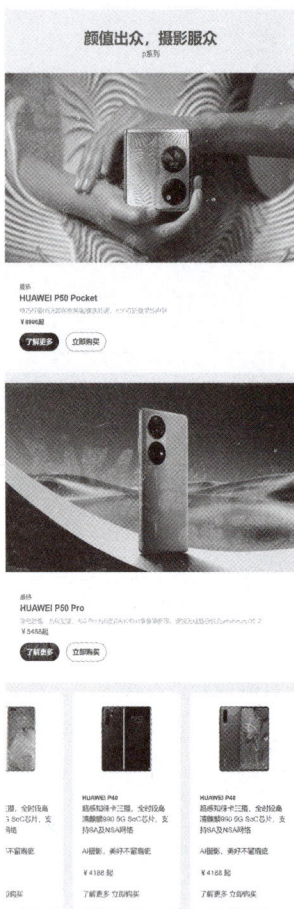

图 2-54　商品模块示意

【资讯收集】

收集相关资讯，完成表 2-34。

表 2-34　资讯收集

观察点	结论
商业网站是如何展示大量商品的？请举例说明	
有哪些方法可以制作轮播效果？搜索相关资料，简要说明	
你听说过 CSS3 动画吗？了解其功能，简要说明	

【任务分析】

虽然页面中商品模块的内容较长，但它是分区域的。商品区域的划分和导航标题一致，分成"P 系列""Mate 系列""nova 系列"等，如图 2-55 所示。本任务先制作"P 系列"区域，其他区域内容类似。

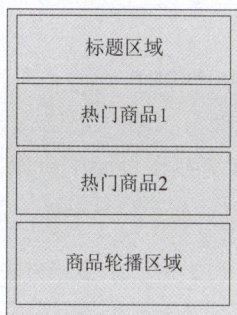

图 2-55　商品模块线框图

标题区域和热门商品部分都是静态定位，使用流式布局，而商品轮播区域通过 CSS3 动画制作，需要学习 CSS3 动画相关内容。

进行任务分析，完成表 2-35。

表 2-35　任务分析

观察点	结论
从总体来看，商品模块可以分成几个部分？分别是什么内容？	
商品轮播部分的布局和导航模块的布局类似，都是一个不换行的长的横向布局模块，请简要说明布局步骤	
商品轮播部分可以使用 JavaScript 制作，也可以使用 CSS3 动画实现，根据你了解的 CSS3 动画的内容，说一说这里的商品轮播部分应使用哪种动画效果	

【初步思路】

小组进行讨论：根据经验，应该如何分步骤完成任务？将初步思路填入表 2-36。

表 2-36　初步思路

开发流程	待解决问题

【知识储备】

任务 2.6　知识储备（一）　　任务 2.6　知识储备（二）

知识点 2.6.1　CSS3 的变换属性 transform

CSS3 提供了变换属性。CSS3 变换可以对元素进行移动、缩放、转动、拉长或拉伸。变换分为 2D 变换和 3D 变换，其中 2D 变换在页面中应用范围较大。本任务介绍 4 种最常见的 2D 变换方法，见表 2-37。

表 2-37　2D 变换方法

方法名	使用格式	效果
translate( )	transform:translate(50 px,100 px);	
rotate( )	transform:rotate(30deg);	

续表

方法名	使用格式	效果
scale( )	transform:scale(2,3);	
skew( )	transform:skew(30deg,0);	

案例 2.11

下面制作将鼠标指针放在图片上使图片放大的效果，如图 2-56 所示。当将鼠标指针放在左图上时，左图变成右图所示外观。

图 2-56　图片放大效果

【分析】transform 属性提供了放大效果。例如，"transform:scale(2,3);"语句可以将元素宽度增大 2 倍，将元素高度增大 3 倍。要实现不变形的变大效果，可以使用两个一样的数字。

【操作】

（1）布局页面。

考虑到图片放大后边框并没有变化，因此应该使用一个盒子包含一个图片的布局。

```
<div><img src="./eximgs/pic1.jpg" alt="" /></div>
```

然后，先设置盒子的大小，再让图片的宽度与盒子保持一致（width:100%;）。

```
div {
    width:300 px;
    border:1 px solid #008000;
}


div>img {
    width:100%;
}
```

（2）实现将鼠标指针放在盒子上，图片放大的效果。

当鼠标指针放在层上时，应该编写语句"div:hover"，这时需要改变盒子中图片的样式，故应该编写语句"div:hover>img"。

```
div:hover>img {
        transform:scale(1.1,1.1);
    }
```

但是现在的效果并不好，整个图片的区域变大了，边框也没有了，这是因为图片比它的父元素大，所以遮挡了它的父元素的边框，如图 2-57 所示。

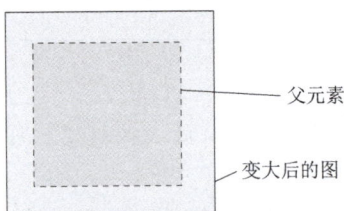

图 2-57　图片放大示意

如何让图片超出的部分消失？应该在父元素的盒子中添加以下语句。

```
overflow:hidden;
```

【效果】实现了放大效果，但是这种放大效果是缓慢的，并不是突然放大。为了改善放大效果，需要用到 CSS3 的过渡效果。

知识点 2.6.2　CSS3 的过渡属性 transition

transition 是一个综合属性，类似 font、background，它可控制元素变换过程，例如需要多久完成过渡、从什么时候开始过渡。

transition 属性的语法格式如下。其子属性见表 2-38。

```
transition:property duration timing-function delay;
```

表 2-38　transition 属性的子属性

子属性	描述
transition-property	规定设置过渡效果的 CSS 属性的名称
transition-duration	规定完成过渡效果需要多少秒或毫秒
transition-timing-function	规定过渡效果的速度曲线
transition-delay	定义过渡效果从何时开始

1. transition-property 属性

该属性规定应用过渡效果的 CSS 属性的名称（当指定的 CSS 属性改变时，过渡效果将开始），默认值是 all。其常见的取值有 all、width、color、transform 等。

不是所有的 CSS 样式都可以过渡，只有具有中间值的属性才具有过渡效果，例如 display 属性就是没有过渡效果的属性（transition-property：display 是没有过渡效果的）。

【经验之谈】过渡效果通常在用户将鼠标指针放在元素上时发生。

2. transition-duration 属性

该属性规定应用过渡效果所需要的时间，默认值是 0。

3. transition-timing-function 属性

该属性规定过渡效果的速度曲线。该属性允许过渡效果随着时间改变其速度。其默认值是 ease，其他取值见表 2-39。

表 2-39　transition-timing-function 属性值

值	描述
linear	规定以相同速度开始至结束的过渡效果
ease	规定从慢速开始，然后变快，然后慢速结束的过渡效果（默认）
ease-in	规定以慢速开始的过渡效果
ease-out	规定以慢速结束的过渡效果
ease-in-out	规定以慢速开始和结束的过渡效果

4. transition-delay 属性

该属性规定过渡效果从何时开始，默认值是 0。该属性允许过渡效果发生在 N 秒之后。

综上所述，transition 属性的默认值如下。

```
transition:all 0 ease 0
```

因此，当不写该属性时，元素变换的过渡时间就为 0，表示变换是瞬间的。

例如：

```
div
{
    width:100 px;
    transition:width 2s;
```

```
}
div:hover{
    width:300 px;
}
```

以上代码的效果是：当将鼠标指针放到盒子上时，它的长度发生了变化，在 2 秒之内完成，速度是默认的慢—快—慢。

"transition:width 2s;"的含义是：变换的属性是 width，变换所需时间是 2 秒，其他两个属性速度曲线和开始时间还是默认值，即从第 0 秒就开始，变宽的速度是先慢后快再慢的。

知识点 2.6.3　商品轮播基础

商品轮播的基本过程是商品图片向左移动，但不是瞬间变换，而是慢慢变换，如图 2-58 所示。

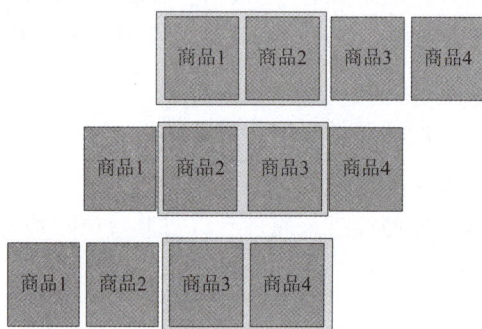

图 2-58　商品轮播示意

假设有 4 个商品盒子，在每个时刻显示 2 个商品。

下面使用 CSS 演示这个过程。

案例 2.12　使用 CSS 实现 4 个商品轮播。

（1）制作网页结构。

```
<body>
<div>
    <ul>
        <li>商品 1</li>
        <li>商品 2</li>
        <li>商品 3</li>
        <li>商品 4</li>
    </ul>
</div>
</body>
```

（2）实现 CSS，当将鼠标指针放到盒子上时，商品图片缓慢向左移动，直到最后一张商品图片。

```
* {
    box-sizing:border-box;
    margin:0;
    padding:0;
}

ul {
    list-style-type:none;
    width:400 px;
    transition:all 3s;
}

div {
    width:210 px;
    height:110 px;
    border:5 px solid black;
    overflow:hidden;
}

div:hover ul {
    transform:translate(-200 px);
}

div ul>li {
    float:left;
    width:100 px;
    height:100 px;
    border:1 px solid red;
}
```

　　最后效果与图 2-58 所示效果一样，但是如何实现无限循环的滚动呢？

知识点 2.6.4　CSS3 动画

　　1. @ keyframes 规则

要创建 CSS3 动画，需要了解 @ keyframes 规则。

@ keyframes 规则用于创建动画。

@ keyframes 规则指定一个 CSS 样式，使动画逐步从目前的样式更改为新的样式。

下面的代码定义了一个背景颜色从红到黄的@ keyframes 规则。

```
@ keyframes myfirst
{
```

```
from {background:red;}
to {background:yellow;}
}
```

2. CSS3 的 animation 属性

当使用@ keyframes 规则创建动画时，把它绑定到一个选择器，否则动画不会有任何效果。

至少指定以下两个 CSS3 动画属性绑定到一个选择器。

（1）规定动画的名称。

（2）规定动画的时长。

```
div
{
    animation:myfirst 5s;
}
```

animation 还有很多其他属性，在这里不再一一赘述，只介绍一个速度函数和一个循环属性。可以通过 animation 的设置制作一个匀速的无限循环的动画。例如：

```
div
{
    animation:myfirst 5s linear infinite;
}
```

案例 2.13　案例 2.12 给的商品轮播添加上无限循环效果。

对案例 2.12 的代码加以修改：去掉之前的变换和过渡代码，增加定义动画代码和控制动画属性 animation。

```
ul {
        list-style-type:none;
        width:400 px;
        /* 去掉下面一句设置过渡 */
        /* transition:all 3s; */
        animation:moveleft 3s linear infinite;
    }

    @ keyframes moveleft {
        from {
            transform:translate(0);
        }
        to {
            transform:translate(-200 px);
```

```
        }
    }
```

效果是动画中出现商品 3 和商品 4 后，忽然跳到商品 1 和商品 2，如图 2-59 所示，这是为什么？

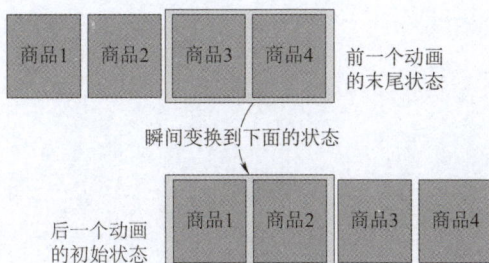

图 2-59　商品轮播示意（1）

这是因为前一个动画的末尾状态和后一个动画的初始状态不同。如果使前一个动画的末尾状态和后一个动画的初始状态相同，就能解决这个问题了。

可以采取如下思路，如图 2-60 所示，在 ul 的最后增加商品 1、商品 2，然后继续向左移动，直至最末尾的商品 1 和商品 2 出现在盒子里。这样前一个动画的末尾状态就和后一个动画的初始状态保持一致，从而实现动画的无缝连接。

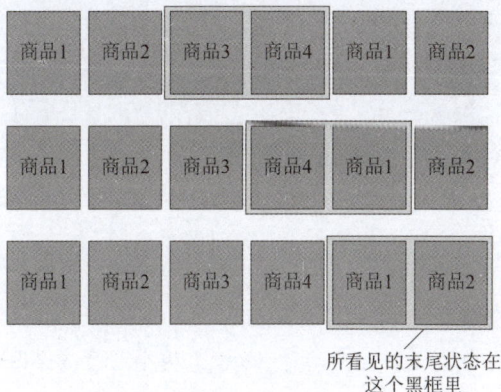

图 2-60　商品轮播示意（2）

（1）在 HTML 代码中增加 2 个商品。

```
<ul>
    <li>商品 1</li>
    <li>商品 2</li>
    <li>商品 3</li>
    <li>商品 4</li>
    <li>商品 1</li>
```

```
    <li>商品 2</li>
</ul>
```

（2）修改 ul 的宽度为 600 px。

（3）修改动画的移动距离。

```
@ keyframesmoveleft {
    from {
        transform:translate(0);
    }
    to {
        transform:translate(-400 px);
    }
}
```

最后效果就商品轮播无限循环。

最后一个问题，广告除了效果美观，还需要吸引用户点击，那么将鼠标指针放到盒子上时就需要停止动画播放。

```
animation-play-state:paused;
```

该属性可以使动画暂停，因此在 CSS 中增加如下代码。

```
div:hover ul {
    animation-play-state:paused;
}
```

知识点 2.6.5　CSS3 的 child 和 type 系列伪类

在 CSS 中，如果想选择某个元素，可以为其设置类或者 id，但是在某些情况下，可以使用更简单的选择方式，这就是 child 和 type 系列伪类。

> **素质小站：磨刀不误砍柴工**
>
> 　　从前，有个人有两个儿子。有一天，他给了两个儿子每人一把锈了的柴刀，让他们去山上砍柴。一个儿子到了山上就开始干了起来，十分卖力。另一个儿子却跑到邻居家借来了磨刀石，开始磨刀。等到刀磨好了，他才上山砍柴。等到太阳下山的时候，两个人都回来了，先砍柴的扛回了一小担柴，先磨刀的则扛回了一大担柴。
>
> 　　可见，在学习知识技能时，不能有偷懒的情绪，只有知道得更多，才有更好的选择。

CSS3 伪类选择器的内容比较丰富，这里重点介绍最常用的两类。

1. child 系列

child 系列是选择某元素的父元素的第 N 个孩子。例如，如图 2-61 所示，li:nth-child(3) 就是选择 li，而且该 li 必须是它的父元素的第 3 个孩子，因此选择了 li。这里可以看出第 2

个孩子是一个超链接 a，它也占据了一个位置。

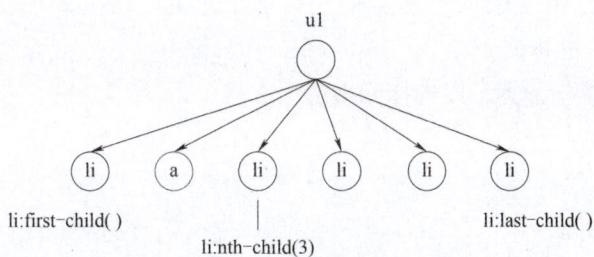

图 2-61　child 系列伪类示意

案例 2.14

```
<style>
    li:first-child {
        color:red;
    }

    li:last-child {
        color:green;
    }

    li:nth-child(3){
        color:yellow;
    }
</style>
<ul>
    <li>第 1 个小 li</li>
    <span>第 1 个 span</span>
    <li>第 2 个小 li</li>
    <li>第 3 个小 li</li>
    <li>第 4 个小 li</li>
    <li>第 5 个小 li</li>
</ul>
```

效果如图 2-62 所示。

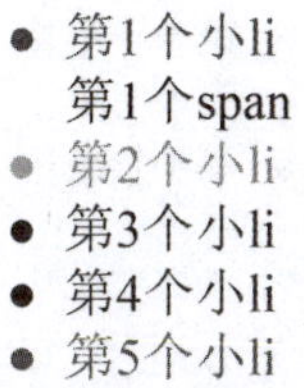

- 第1个小li
  第1个span
- 第2个小li
- 第3个小li
- 第4个小li
- 第5个小li

图 2-62　案例 2.14 运行效果

81

目标明明是选择 li:nth-child(3)，但结果选择了"第 2 个小 li"。这是因为把第 1 个 span 计算在内了，所以第 3 个孩子其实是"第 2 个小 li"。这里"3"是不区分元素类型（不管是 li 还是 span）的排列。

下面使用 n 实现数学计算，以选择元素。

案例 2.15

```
<style>
    li:nth-child(n+2){
        color:red;
    }
</style>
<ul>
    <li>第 1 个小 li</li>
    <span>第 1 个 span</span>
    <li>第 2 个小 li</li>
    <li>第 3 个小 li</li>
    <li>第 4 个小 li</li>
    <li>第 5 个小 li</li>
</ul>
```

效果如图 2-63 所示。

- 第1个小li
  第1个span
- 第2个小li
- 第3个小li
- 第4个小li
- 第5个小li

图 2-63 案例 2.15 运行效果

由此可以看出 n 是从 0 开始取值的，因此能取到 0+2=2，0+3=3，0+4=4，…，"排行老二"的 li 并不存在，于是跳过，从"排行老三"的 li 开始选择，一直到最后。

还可以通过 nth-child(odd) 和 nth-child(even) 来选择奇偶行，如图 2-64 所示。

- 第1个小li
  第1个span
- 第2个小li
- 第3个小li
- 第4个小li
- 第5个小li

图 2-64 选择奇偶行效果

2. type 系列

E:first-of-type E:last-of-type E:only-of-type E:nth-of-type(n)E:nth-of-last-type(n)

type 系列和 child 系列有很多相似之处，也是选择第 *N* 个元素，不同的是它会将非自己的同类元素排除在外，例如选择"第 3 个孩子"，其实是选择"第 3 个小 li"，如图 2-65 所示。

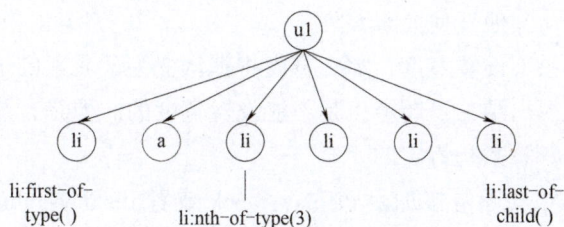

图 2-65 **type 系列伪类示意**

案例 2.16

```
<style>
    li:nth-of-type(3){
        color:red;
    }
</style>
<ul>
    <li>第 1 个小 li</li>
    <span>第 1 个 span</span>
    <li>第 2 个小 li</li>
    <li>第 3 个小 li</li>
    <li>第 4 个小 li</li>
    <li>第 5 个小 li</li>
</ul>
</body>
```

效果如图 2-66 所示。

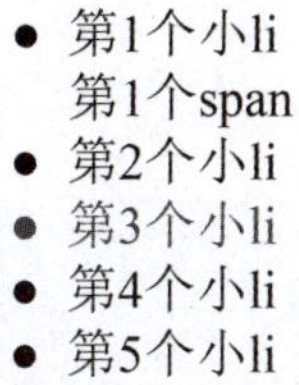

- 第1个小li
  第1个span
- 第2个小li
- 第3个小li
- 第4个小li
- 第5个小li

图 2-66 **案例 2.16 运行效果**

知识点 2.6.6 行内元素的尺寸设置问题

网页元素分为块级元素和行内元素。常见的块级元素有 div、h 系列、li、dt、dd、p；常见的行内元素有 span、a、b、i、u、em。它们的区别如下。

（1）行内元素。

①与其他行内元素并排。

②不能设置宽度，默认的宽度就是文字的宽度。

（2）块级元素。

①独占一行，不能与其他任何元素并列。

②能设置宽度，如果不设置宽度，那么宽度将默认变为父元素的 100%。

从以上的知识可以得出结论：超链接是不能设置宽度的。但是，能不能通过改变行内元素的属性来设置宽度呢？答案是肯定的。

（1）主动设置：可以给超链接加上 display:block 或者 display:inline-block。inline-block 可以使超链接不必独占一行，还可以设置宽度。

（2）被动设置：如果超链接已经被设置为 float:left、position:absolute、position:fixed，则它可以设置宽度。

这两种方式在实际应用中非常常见。例如在页面导航模块中，如果使用超链接布局，那么可以让超链接浮动，再设置它的宽度。

【任务实施】

步骤与知识关联图如图 2-67 所示。

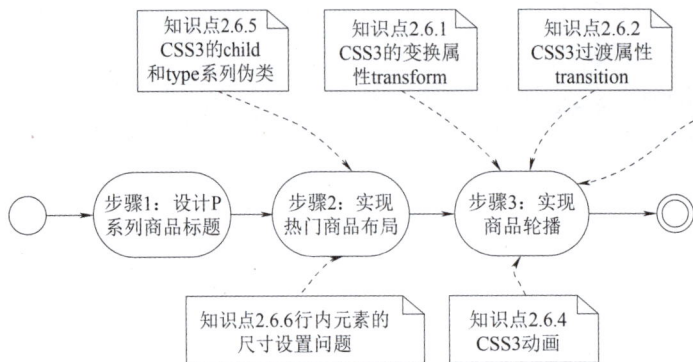

任务 2.6　任务实施（一）

图 2-67　步骤与知识关联图

任务 2.6　任务实施（二）

任务 2.6　任务实施（三）

步骤 1：设计 P 系列商品标题。

根据图 2-67，设计总的 HTML 结构。

```
<div class="N-series">
    <header>
        <h2>颜值出众,摄影服众</h2>
```

```
        <p>p 系列</p>
    </header>
    /* 热门商品 1 */
    <div class="hot-1"></div>
    /* 热门商品 1 */
    <div class="hot-2"></div>
    /* 轮播商品 */
    <div class="slide-goods"></div>
</div>
```

【目标】如图 2-68 所示，设置标题格式，使其符合框图尺寸。

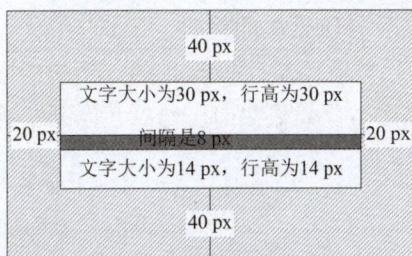

图 2-68　标题的框图

【操作】编写 "P 系列" 头部的 CSS 样式。

```
/* N 系列商品,比如 P 系列、Mate 系列等,此处只列举 P 系列 */
.N-series header {
    padding:30 px 20 px;
    text-align:center;
}

.N-series header h2 {
    font-size:30 px;
    line-height:1;
    margin-bottom:8 px;
}
.N-series header p {
    line-height:1;
}
```

【效果】发现打开网页正常，但是页面向上滚动时，文字不见了，如图 2-69 所示。这是什么原因？

图 2-69　商品文字消失

【目标】文字其实被两个固定定位的元素覆盖了。只要给"P系列"动态加上 margin 即可，也就是修改前面的"停靠"导航模块的代码。

【操作】在前面的"停靠"导航模块代码的 if-else 语句中增加以下两段代码。

在 if 语句中添加代码，当产生停靠效果时，给"P系列"商品模块加上 margin-top。

```
$('.N-series').css({
        'margin-top':'230 px'
    });
```

在 else 语句中添加代码，当停靠效果消失时，给"P系列"商品模块去掉 margin-top。

```
$('.N-series').css({
        'margin-top':0
    });
```

【效果】如图 2-70 所示，文字在停靠和非停靠效果中都显示正常。

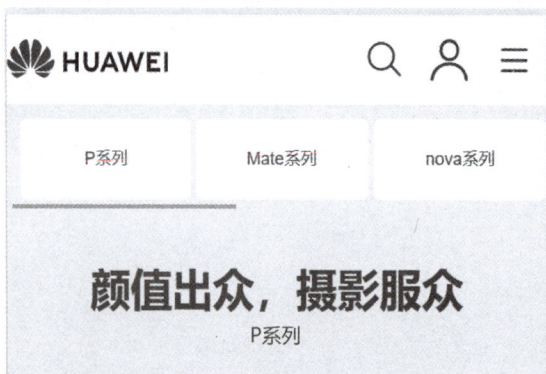

图 2-70　文字显示效果

步骤 2：实现热门商品布局。

【目标】实现热门商品布局，如图 2-71 所示，增加缩放适应性，例如使图片、按钮等随着浏览器窗口的宽度变化。

最热

HUAWEI P50 Pocket

精巧折叠 | 超光谱影像系统 | 智慧外屏，6.9″可折叠柔性内屏

￥8988 起

了解更多　立即购买

图 2-71　热门商品布局效果

【操作】实现网页内容设计。

（1）构建 HTML 结构。

按照图 2-72 所示的 HTML 结构框图完成 HTML 结构。

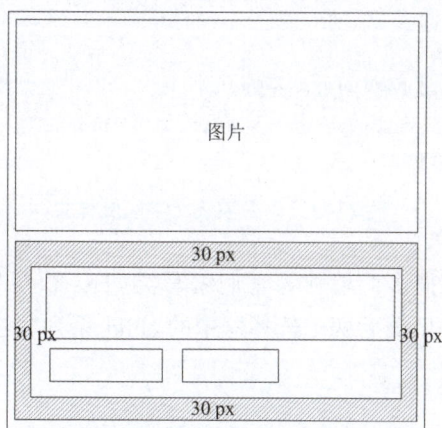

图 2-72　热门商品模块线框图

```
<div class="hot">
    <div class="img-container">
        <a href="#"><img src="./upload/new-p50-pocket.jpg" alt="" /></a>
    </div>
    <div class="text-container">
```

```
        <p><a href="#">最热</a></p>
        <h5><a href="#">HUAWEI P50 Pocket</a></h5>
        <p>
            <a href="#">精巧折叠 |超光谱影相系统 |智慧外屏,6.9"可折叠柔性内屏</a>
        </p>
        <p>¥8988 起</p>
        <a href="#">了解更多</a>
        <a href="#">立即购买</a>
    </div>
</div>
```

（2）控制图片自适应宽度。

```
.N-series .img-container a {
    display:block;
}


.N-series .img-container a>img {
    width:100% ;
}
```

（3）控制文字区域的字体样式，如图 2-73 所示。

最热

HUAWEI P50 Pocket

精巧折叠|超光谱影相系统|智慧外屏, 6.9"可折叠柔性内屏

¥8988起

图 2-73　商品模块文字区域样式

因为文字区域的 p 标签很多，单独为它们编写类 class 很烦琐，所以使用 CSS3 的 child 系列选择器进行元素选择（见最后两个选择器中的 child 系列写法）。

```
.N-series .text-container {
    padding:30 px;
}
选择第一个 P 段落
.N-series .text-container p:first-child a {
    font-size:0.8em;
    color:red;
}
```

```
.N-series .text-container h5 {
    font-size:1.2em;
}
```

选择第 3 个 p 段落（这里的"3"含有兄弟元素中的 h5 标签）。

```
.N-series .text-container p:nth-child(3)a {
    font-size:0.8em;
    color:#ccc;
}
```

选择第 3 个 p 段落（这里的"4"含有兄弟元素中的 h5 标签）。

```
.N-series .text-container p:nth-child(4)a {
    font-size:0.6em;
    font-weight:bold;
}
```

（4）控制最后 2 个和按钮外观相似的超链接的共同外观，如图 2-74 所示。

图 2-74　超链接外观示意（1）

```
.N-series .text-container .button-more {
    display:inline block;
    padding:6 px 12 px;
    margin:10 px 0;
    border-radius:20 px;
    border:1 px solid black;
}
```

（5）分别控制两个超链接的不同外观，如图 2-75 所示。

图 2-75　超链接外观示意（2）

这里的 2 个超链接是父元素中仅有的 2 个同类型元素，可以使用 type 系列伪类实现。

```
.N-series .text-container .button-more:first-of-type {
    background-color:#000;
    color:#fff;
```

```
        font-weight:bold;
    }


.N-series .text-container .button-more:nth-of-type(2){
        font-weight:bold;
        border:2 px solid #ccc;

    }
```

步骤 3：实现商品轮播。

【目标】商品轮播所涉及的 5 个商品模块线框图如图 2-76 所示，此处采用 CSS3 动画实现商品轮播（这里以 2 个商品为例）。

【操作】为了实现商品轮播效果，要将第 1、2 个 li 重复一遍，最后是 7 个 li。

```
<div class = "slide-goods">
        <ul>
            <li>
                <a href = "#"><img src = "./upload/p40-silver.png" alt = "" /></a>
                <h5><a href = "3">HUAWEI P40</a></h5>
                <p>超感知徕卡三摄,全时段高清麒麟 990 5G SoC 芯片,支持 SA 及 NSA 网络</p>
                <p>AI 摄影,美好不留瑕疵</p>
                <p>￥4188 起</p>
                <a href = "#">了解更多</a>
                <a href = "#">立即购买</a>
            </li>
            <li>..</li>
            <li>..</li>
            <li>..</li>
            <li>..</li>
            <li>..</li>
            <li>..</li>
        </ul>
</div>
```

【目标】实现商品模块溢出隐藏，ul 中的 li 实现横向不换行布局。

【操作】

（1）设置商品模块溢出隐藏。

（2）使用 white-space 实现不换行，但是该属性会传递给它的元素 li，会导致 li 中的文字也不换行了，因此，在 li 的 CSS 代码中要恢复成正常的换行设置。

（3）通过设置 li 为行内块级元素的方式使其横向排列。

220 px

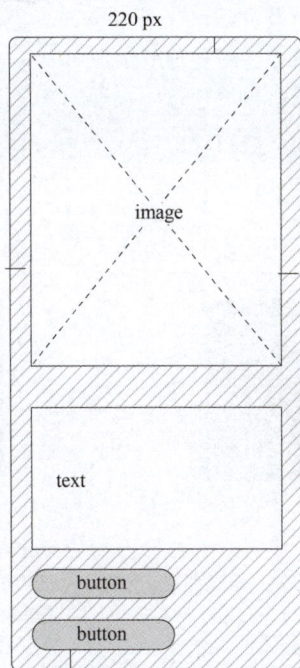

图 2-76   商品模块线框图

```
.N-series .slide-goods {
    overflow:hidden;
}


.N-series .slide-goods ul {
    white-space:nowrap;
}


.N-series .slide-goods ul>li {
    display:inline-block;
    white-space:normal;
}
```

【目标】设置图片尺寸。

【操作】首先设置图片的父元素 a，将其变成块级元素，将宽度设置成父元素 li 的 60%，再让它居中，最后让图片宽度为父元素的 100%。

```
.N-series .slide-goodsul>li a.img-a {
    display:block;
    width:60% ;
    margin:auto;
```

```
}
.N-series .slide-goods ul>li a.img-a img {
    width:100% ;
}
```

效果如图 2-77 所示。

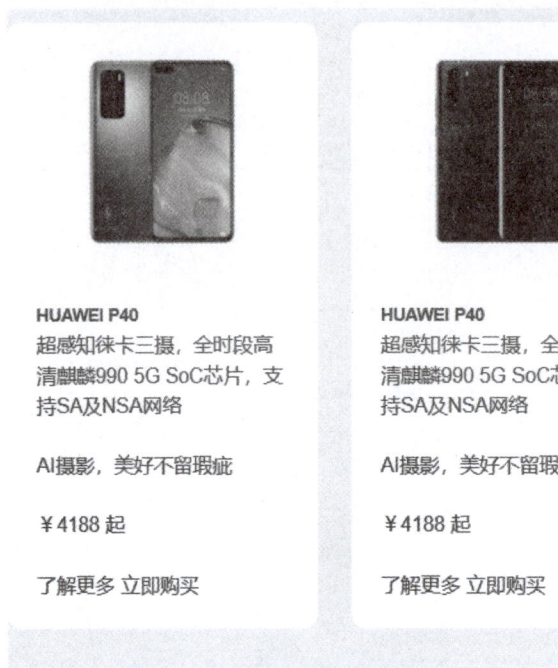

图 2-77　商品轮播效果示意

【目标】使用 CSS3 实现商品轮播动画效果。

【操作】设置动画。这里向左移动的距离是 5 个 240 px（li 的宽度是 220 px，右外边距为 20 px），设置成无限循环动画。

```
@ keyframes slider {
    from {
        transform:translate(0);
    }
    to {
        transform:translate(-1200 px);
    }
}
.N-series .slide-goods ul {
    animation:slider 10s linear infinite;
}
```

【效果】发现动画在接缝处会抖动，原因是行内 inline 元素或者行内块级 inline-block 元素之间像文字一样有间隔，而且文字越大，这个间隔就越大。

【操作】可以将 ul 的文字大小设置为 0 px，这样它的子元素 li 之间就没有间隔了。而这样做，子元素 li 的文字大小就会继承这个 0 px，也会变成 0 px，因此需要将其文字大小重新设置成 14 px。

```
.N-series .slide-goodsul {
    font-size:0;
}

.N-series .slide-goods ul>li {
    font-size:14 px;
}
```

【效果】文字间隔清除。

【目标】设置鼠标指针悬浮时的动画暂停效果。

```
.N-series .slide-goods:hover ul {
        animation-play-state:paused;
}
```

【效果】发现在移动端并未出现动画暂停效果，但是在 PC 端效果正常。其原因如下：在移动端需要触摸才能触发 hover，而且要取消这个触摸，必须在其他位置触摸。这并不是想要的效果。

【目标】在移动端完成类似 PC 端的 hover 功能，即在此处触摸，动画暂停，过一会动画继续（不需要在其他位置触摸）。

【操作】在移动端有 touchstart 事件和 touchend 事件。可以利用这两个事件模拟 PC 端的动画暂停效果。touchstart 表示"触摸开始"，"touchend"表示"触摸结束"。可以在触摸开始时，使用 JS 让动画暂停，而在触摸结束时，设置定时器让动画继续。

```
$(function(){
    $('.N-series .slide-goods').get(0).addEventListener('touchstart',func-
tion(event){
        $('.N-series .slide-goods ul').css({
            'animation-play-state':'paused'
        });
    });
    $('.N-series .slide-goods').get(0).addEventListener('touchend',function
(event){
        window.setTimeout(function(){
            $('.N-series .slide-goods ul').css({
```

```
                    'animation-play-state':'running'
            });
        },2000);
    });
});
```

【效果】 此时可以无缝进行商品轮播，而且在触摸开始时动画暂停，在触摸结束一段时间后商品轮播继续。

【总结评价】

进行任务实施评估，完成表 2-40。

任务 2.6　习题

表 2-40　任务实施评估

观察项	评价
是否完成小组任务分配	
设计文档是否合理	
网页结构是否合理	
页面外观是否和效果图一致	
浏览器窗口缩放是否显示正常	
动态模块部分是否实现商品轮播	
通过触摸是否可以实现动画暂停	

回顾本任务所学知识，完成表 2-41。

表 2-41　知识回顾

观察项	回答
使用 CSS3 实现简单的动画效果需要哪两个重要的属性？	
实现复杂的动画效果需要设置 CSS3 动画，设置 CSS3 动画的关键字是什么？	
CSS3 动画主要有哪些属性？	
移动端的叫作什么触摸事件？是不是 mouseover？	

任务 2.7　制作尾部菜单模块

【学习目标】

（1）掌握 CSS3 伪类的使用方法。

（2）能捕捉移动端的 3 个触摸事件并响应。

【任务发布】

尾部菜单模块采用二级菜单模式。该模块主要可以通过点击主菜单展开下级菜单，再次点击主菜单，则二级菜单收起，如图 2-78 所示。

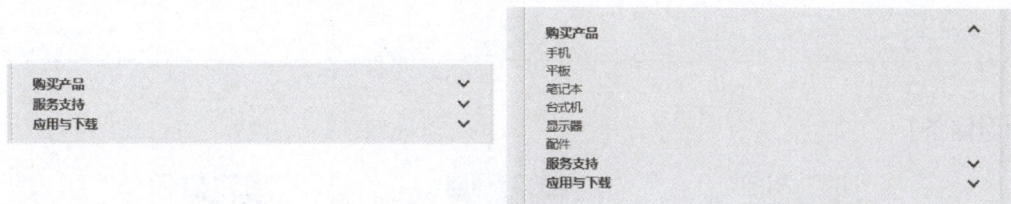

图 2-78　二级菜单收起和展开效果

【资讯收集】

收集相关资讯，完成表 2-42。

表 2-42　资讯收集

观察项	结论
观察 PC 端校园网的二级菜单，观察它是如何打开和关闭的	
思考本任务中通过什么来打开和关闭二级菜单，它和 PC 端有什么区别	
观察二级菜单的 HTML 代码，说出它使用了哪个标签	

【任务分析】

进行任务分析，完成表 2-43。

表 2-43　任务分析

观察项	结论
观察主菜单的外观，其右边有一个箭头，它应该如何实现？	
当点击主菜单时，展开二级菜单，这是什么事件？	
箭头在二级菜单打开和关闭时发生了旋转，这让你想到了 CSS3 的哪个属性？	

【初步思路】

小组进行讨论：根据经验，应该如何分步骤完成任务？将初步思路填入表 2-44。

表 2-44   初步思路

开发流程	待解决问题

【知识储备】

任务 2.7   知识储备（一）   任务 2.7   知识储备（二）   任务 2.7   知识储备（三）

知识点 2.7.1   CSS3 伪元素

CSS 伪元素用于设置元素指定部分的样式。

例如，它可用于设置元素的首字母、首行的样式，在元素的内容之前或之后插入内容。伪元素的语法格式如下。

```
selector::pseudo-element {
  property:value;
}
```

CSS3 伪元素有::first-line 伪元素、::first-letter 伪元素、::selection 伪元素、::before 和::after 伪元素，这里只介绍最常用的::before 和::after 伪元素。

思考问题："伪元素"与之前学习的:first-child 等"伪类"有什么区别？

::before 伪元素可用于在元素内容之前插入一些内容，而::after 伪元素可用于在元素内容之后插入一些内容，如图 2-79 所示。

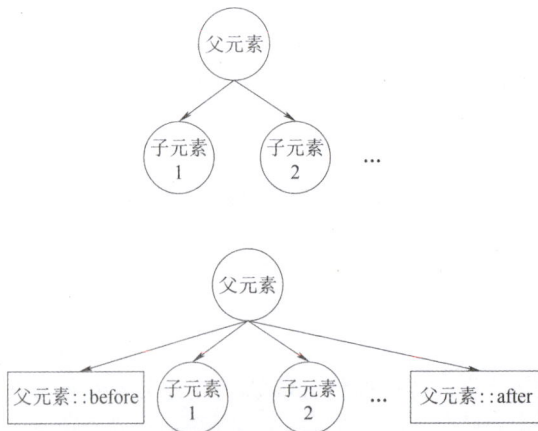

图 2-79   伪元素示意

例如，h1:: before 表示在 h1 元素内容之前面插入一个元素。

从图 2-79 可以看出，设置伪元素:: before 和:: after 之后，元素多了"长子"和"末子"，这也说明了它为什么叫作"伪元素"，而不是叫作"伪类"。例如，hover 伪类并没有改变元素，只是想修饰"被鼠标移入"的该元素而已。

案例 2.17

```
<style>
    h1::before {
        content:url(./images/logo_01.png);
    }


    h1::after {
        content:'hot';
        font-size:0.5em;
        color:red;
    }
</style>
</head>


<body>
<h1>华为 P50 手机青春版</h1>
</body>
```

效果如图 2-80 所示。

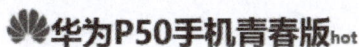

图 2-80　案例 2.17 效果

观察网页的结构，发现:: before 和:: after 相当于在 h1 元素中增加了一个"最大孩子"节点和一个"最小孩子"节点，如图 2-81 所示。content 属性是必须写的，它决定了具体的内容，其他 CSS 属性则可以对内容进行控制。

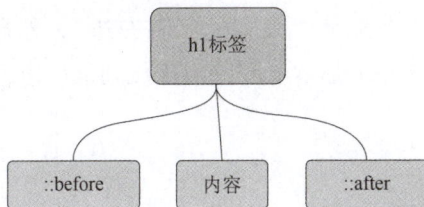

图 2-81　:: before 和:: after 的效果

何时使用伪类呢？这里的图片和文字为什么不直接放入 img 标签和 span 标签呢？这是 Web 前端设计的一个原则，即修饰性的内容放入 CSS，结构性的内容放入 HTML。在该 h1

标签中，只有"华为 P50 手机青春版"才是结构性的内容，图片和文字都是修饰性的内容，因此它们通过"伪元素"在 CSS 中出现更恰当。

伪元素相当于给它所修饰的元素增加一个子元素，其中∷before 增加的是"最大孩子"节点元素，而∷after 则相反，它增加的"最小孩子"节点元素。伪类不增加新元素，它只是在选择器的基础上再次增加修饰条件。

【总结】

（1）伪元素用于存放修饰性的内容

（2）伪元素∷before 和∷after 分别给元素增加"最大孩子"节点和"最小孩子"节点。

（3）伪元素∷before 和∷after 的 content 属性是必须写的。

> **素质小站：工作方式规范化**
>
> 在制作网页时，有些同学可能有"偷懒"情绪，只要看到图片就使用 img 标签实现。其实页面中的图片有很多实现方法，主要是看该图片是代表"信息"（有用的内容），还是只是代表"美化"。例如案例 2.16 中的"hot"是修饰"华为 P50 手机青春版"的文字，因此不该使用 img 标签实现，而应该使用伪元素设置背景图片的方式实现。这有利提高了代码的规范化程度和质量。

知识点 2.7.2　箭头的 CSS3 实现

箭头的外观如图 2-82 所示。

图 2-82　箭头的外观

箭头可以通过一个正方形盒子的右上边框■旋转 45°实现，这可以节省一张小图片。

【目标】实现图 2-83 所示的效果。

大家一起看右边■

图 2-83　正方形盒子边框旋转示意

【操作】在一个容器中放入文字"大家一起看右边"，然后给这个容器增加一个伪元素∷after，让伪元素成为一个正方形盒子并绝对定位到最右边，再给它设置右上边框。

HTML 代码如下。

```
<span>大家一起看右边</span>
CSS：
    span {
    background-color:rgba(255,0,0,0.5);
    /* 在右边给小黑盒子留出内边距 */
```

```
        padding-right:15 px;
        /* 这里是为了配合下面的绝对定位 */
        position:relative;
    }


    span::after {
        content:'';
        /* position,left,top 共同决定了小黑盒子的位置 */
        position:absolute;
        right:5 px;
        top:6 px;
        /* 设置成一个合适大小的正方形 */
        width:8 px;
        height:8 px;
        background-color:#000;
        /* 给它加上右上边框 */
        border-top:2 px solid #fff;
        border-right:2 px solid #fff;
    }
```

【目标】旋转小黑盒子。

【操作】在 span:: after 中增加以下语句。

```
transform:rotate(45deg);
```

效果如图 2-84 所示。

大家一起看右边 ❯

图 2-84　箭头效果

知识点 2.7.3　移动端触摸事件

对于 PC 端，有鼠标操作事件，例如 click、mousemove、mouseover 等。移动端的操作方式与 PC 端不同，它的常见操作是触摸，有 3 个触摸事件：touchstart、touchmove 和 touchend。

（1）touchstart 事件：当触摸屏幕时候触发，即使已经有一个手指放在屏幕上也会触发。

（2）touchmove 事件：当手指在屏幕上滑动时连续地触发。在这个事件发生期间，调用 preventDefault( )方法可以阻止滚动。

（3）touchend 事件：当手指从屏幕上离开时触发。

案例 2.18

```
<style>
```

```
    .father {
        width:300 px;
        height:300 px;
        padding:50 px;
        background-color:blanchedalmond;
    }

    .child {
        height:100% ;
        background-color:blueviolet;
    }
</style>
    <script>
    $(function(){
        $('.child').on('touchstart',function(){
            console.log('child touchstart');
        });
        $('.child').on('touchmove',function(){
            console.log('child touchmove');
        });
        $('.child').on('touchend',function(){
            console.log('child touchend');
        });
        $('.father').on('touchstart',function(){
            console.log('father touchstart');
        });
        $('.father').on('touchmove',function(){
            console.log('father touchmove');
        });
        $('.father').on('touchend',function(){
            console.log('father touchend');
        });
    });
</script>
<div class="father">
    <div class="child"></div>
</div>
```

在上述代码中，父元素包含子元素，分别让它们响应这 3 个事件，当触摸和手指滑动时（在 PC 端模拟就是鼠标单击和拖动），观察 console 的显示，可以发现以下现象。

（1）这 3 个事件的发生次序：一次滑动其实是一次触摸开始、多次触摸移动、一次触摸结束的组合；

（2）触摸事件会从子元素向父元素、祖父元素传递。

触摸事件的属性也可以帮助用户获取手指根数、手指位置等信息。此处不展开叙述。

【任务实施】

步骤与知识关联图如图 2-85 所示。

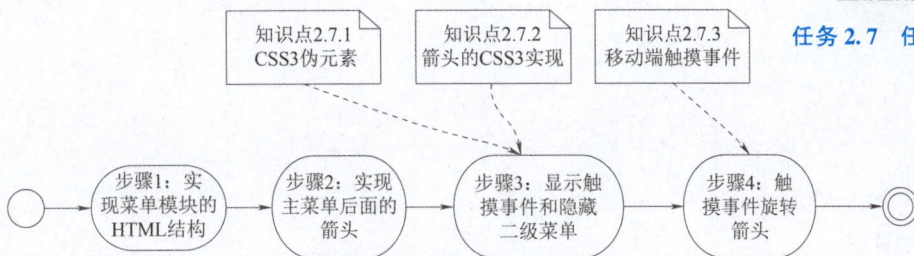

图 2-85　步骤与知识关联图

步骤 1：实现菜单模块的 HTML 结构。

主菜单是一个 ul。

```html
<div class="footer-menu">
    <ul class="first-step-munu>
        <li>
            <h3>购买产品</h3>
        </li>
        <li>
            <h3>服务支持</h3>
        </li>
        <li>
            <h3>应用与下载</h3>
        </li>
    </ul>
</div>
```

二级菜单补充在 h3 后面。

```html
<li>
    <h3>购买产品</h3>
    <ul class="second-step-menu">
        <li><a href="#">手机</a></li>
        <li><a href="#">平板</a></li>
```

```
        <li>
            <a href="#">笔记本</a>
        </li>
        <li>
            <a href="#">台式机</a>
        </li>
        <li>
            <a href="#">显示器</a>
        </li>
        <li>
            <a href="#">配件</a>
        </li>
    </ul>
</li>
```

步骤 2：实现主菜单后面的箭头。

（1）设置菜单模块的文字大小和内边距。

```
.footer-menu {
    font-size:0.8em;
    padding:20 px;
}
```

（2）设置主菜单 h3 的::after 伪元素为一个小方块，显示其上右边框，再旋转 45°，形成箭头。

```
.footer-menuul.first-step-menu>li h3 {
    position:relative;
}

.footer-menu ul.first-step-menu>li h3::after {
    content:"";
    width:0.5em;
    height:0.5em;
    border-right:2 px solid #666;
    border-top:2 px solid #666;
    position:absolute;
    top:2 px;
    right:2 px;
    transform:rotate(45deg);
}
```

（3）隐藏二级菜单。

```
.footer-menuul.second-step-menu{
    display:none;
}
```

效果如图 2-86 所示。

购买产品 ＞
服务支持 ＞
应用与下载 ＞

图 2-86　主菜单的外观

步骤 3：显示触摸事件和隐藏二级菜单。

（1）让主菜单响应 touchstart 事件。

（2）获得事件源的下一个兄弟元素，也就是触摸到的主菜单对应的二级菜单。

（3）判断该二级菜单是显示还是隐藏，并分别处理。

（4）slideDown( )、slideUp( )分别是缓慢展开和缓慢收缩的 jQuery 函数。

```
$(function(){
    $(".footer-menu ul.first-step-menu>li h3").on("touchstart",function(e){
        //获取点击的一级菜单对应的子菜单
        var target_secondmenu = $(e.target).next();
        if(target_secondmenu.css("display") == "none"){
            target_secondmenu.slideDown("slow");
        } else {
            target_secondmenu.slideUp("slow");
        }
    })
})
```

步骤 4：触摸事件旋转箭头。

（1）在二级菜单展开和收缩之前处理箭头的角度。

```
.footer-menuul.first-step-menu>li h3::after {
    content:"";
    width:0.5em;
    height:0.5em;
    border-right:2 px solid #666;
    border-top:2 px solid #666;
    position:absolute;
```

```
    top:2 px;
    right:2 px;
    transform:rotate(135deg);
    transition:1s transform;
}
```

（2）给主菜单的 h3 补充一个向下的样式，这是为了在 jQuery 中切换 h3 的样式，也就是说，如果 h3 没有 .down 类，则它的箭头向右，如果 h3 有 .down 类，则它的箭头向下。

```
.footer-menuul.first-step-menu.first-step-menu>li h3.up::after {
    content:"";
    width:0.5em;
    height:0.5em;
    border-right:2 px solid #666;
    border-top:2 px solid #666;
    position:absolute;
    top:2 px;
    right:2 px;
    transform:rotate(-45deg);
    transition:1s transform;
}
```

（3）补充 jQuery 代码，如果二级菜单隐藏，则给 h3 附加一个类名"up"，从而让 h3 伪元素的箭头向下。

```
vartarget_secondmenu = $(e.target).next();
if(target_secondmenu.css("display")= = "none"){
    //如果二级菜单没有展开
    //则给事件源（也就是 h3）增加一个类名"up"，那么它的箭头就向下
    $(e.target).toggleClass("up");
    target_secondmenu.slideDown("slow")

} else {
    //如果二级菜单没有展开
    //则给事件源（也就是 h3）去掉一个类名"up"，那么它的箭头就向右
    $(e.target).toggleClass("up");
    target_secondmenu.slideUp("slow");
}
```

【效果】

点击一级菜单，显示二级菜单，并且右边相应的箭头由向下变成向上，再次点击，效果相反。

【总结评估】

进行任务实施评估，完成表 2-45。

表 2-45 任务实施评估

任务 2.7 习题

观察项	评价
是否完成小组任务分配	
网页结构是否合理	
页面外观是否和效果图一致	
设计文档是否合理	
改变浏览器窗口宽度，菜单宽度是否随比例缩放	
触摸一级菜单是否打开二级菜单，箭头是否旋转	
再次触摸一级菜单是否关闭二级菜单，箭头是否旋转	

回顾本任务所学知识，完成表 2-46。

表 2-46 知识回顾

观察项	回答
CSS3 伪元素是哪两个？它们的作用是什么？	
移动端是否有鼠标事件？本任务涉及的移动端重要事件是什么？	
jQuery 的什么方法可以方便地切换类名？	
jQuery 的哪两个方法可以方便地实现缓慢展开和收缩的效果？	

【课外补充】

如图 2-87 所示，网页的标签中有一个"华为"图标，右边是该网站的标题。

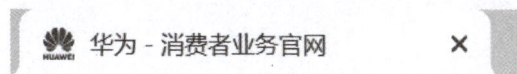

图 2-87 网页图标示意

标题只要在 title 标签中输入文字即可实现，这里介绍如何实现图标。图标需要用到 ico 格式的图片，因此预先准备一张图片，大小为 255 px×255 px，可以在网络中搜索一些线上变化工具，也可以在 Phtoshop 软件中添加 ico 插件实现。下面介绍如何使用 ico 插件。

ico 插件的名称是"ICOFormat64.8bi"，要注意使它与 Photoshop 的版本保持一致，否则不会生效。将 ico 插件放入 Photoshop 安装路径下的"Plug-ins\File Formats"目录下，如图 2-88 所示，其中的".8bi"文件表示不同的格式。然后，关闭 Photoshop，再重新打开，在另存图片时就会看到 ico 后缀。

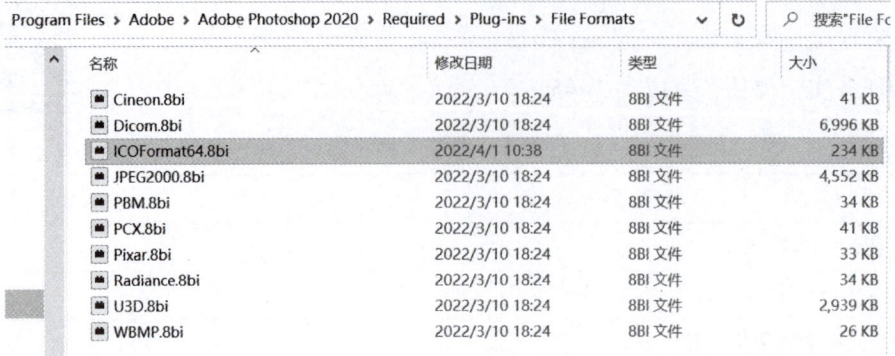

图 2-88 "Plug-ins\File Formats" 目录

在 head 标签中添加以下语句。

```
<linkrel="icon" href="./images/ctrip.ico" />
```

运行代码即可以看到图标效果。

项目 3

仿携程网移动端Web开发
(弹性布局)

【项目介绍】

流式布局可以解决移动端屏幕宽度不一致的问题，但在布局页面时，页面大量使用浮动布局，而浮动布局会脱离文档流，需要处理父元素塌陷等问题，相对复杂。

弹性布局同样可以对网页实现左右、上下布局，但是其布局灵活，代码简单，在实现复杂布局和自适应布局时效率更高，以后代码的可维护性也比较高。

携程网（图3-1）就是一个主要使用弹性布局的优秀案例，本项目通过对携程网页面的模仿来学习弹性布局。

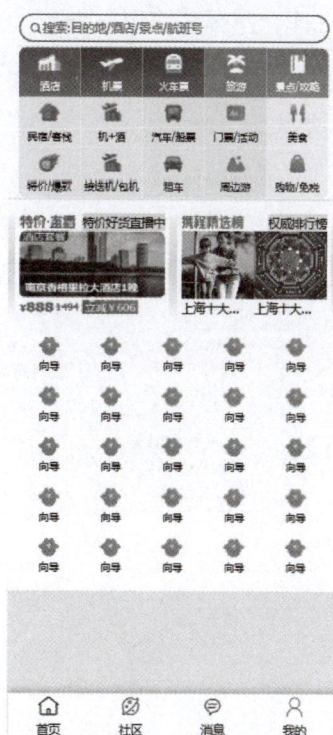

图 3-1 携程网页面截图

【四维目标】

工程维度

（1）具有知识类比、迭代能力。

（2）具有资讯收集能力。

（3）具有团队合作能力。

（4）具有软件工程化思想并能指导项目的推进，能针对 Web 前端设计绘制线框图。

技能维度

（1）能在合理的情境中选择弹性布局方案。

（2）能运用弹性布局方式实现页面布局。

（3）会使用 jQuery 插件库实现所需插件。

（4）能使用 object-fit 属性控制图片的变形。

（5）能用 CSS3 实现渐变图片的运用。

（6）了解弹性布局与流式布局的区别。

（7）掌握弹性布局的相关属性。

（8）掌握 CSS3 的 object-fit 属性。

（9）掌握 CSS3 的线性渐变背景属性。

（10）了解常见的 jQuery 插件库，掌握其使用方法。

知识维度

本项目的知识维度如图 3-2 所示。

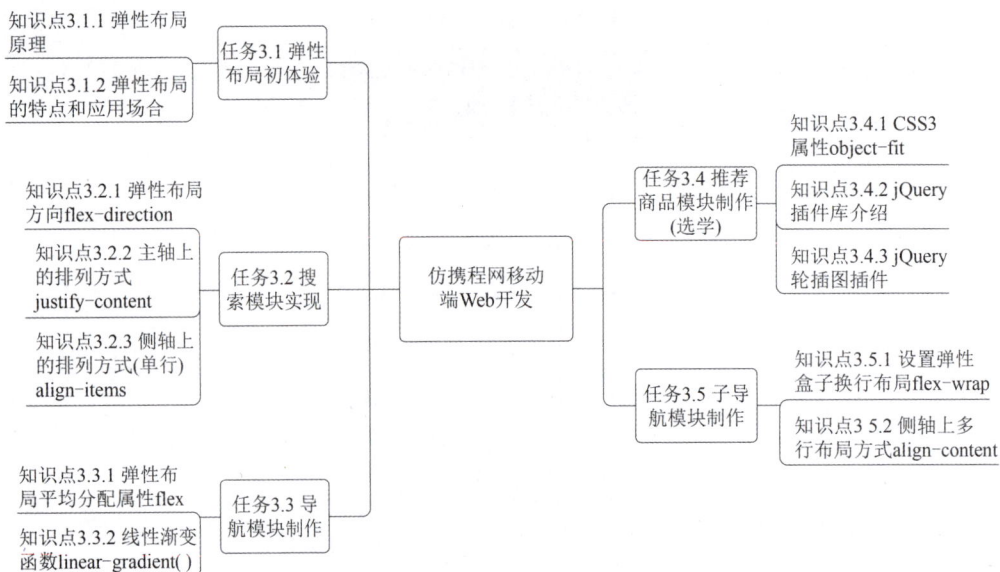

图 3-2　项目 3 的知识维度

素质维度

（1）从"温故知新"中学习中国式求知方法。

（2）从竹简的书写中了解中国文化的传播方式。

（3）从精美的页面中看出精益求精的职业精神。

（4）避免生搬硬套，学会取长补短。

（5）从软件开发流程中学习行业工作规范。

【学习要求】

（1）课前了解"学习目标"，完成"任务发布""资讯收集"和"任务分析"部分的内容。

（2）课中带着问题跟随老师完成"知识储备"部分的学习。

（3）课中根据操作视频或自行完成"任务实施"的内容。

（4）课中以组内或组间或教师点评的形式完成"评估总结"的内容。

【所涉 1+X 证书考点】

Web 前端开发职业技能等级要求（中级）见表 3-1。

表 3-1　Web 前端开发职业技能等级要求（中级）

工作领域	工作任务	职业技能要求
1. 静态网页制作	1.2　响应式网页开发	1.2.1　能分析响应式页面的结构和布局特性； 1.2.2　能使用 HTML5、CSS3、弹性布局等开发响应式网页

【建议学时】

本项目建议学时见表 3-2。

表 3-2　项目 3 建议学时

任务	学时
任务 3.1	1
任务 3.2	2
任务 3.3	2
任务 3.4	2
任务 3.5	3

任务 3.1　弹性布局初体验

【任务发布】

了解弹性布局的原理、特点，能使用弹性布局方式对页面进行布局和调试。

【资讯收集】

收集相关资讯，完成表 3-3。

表 3-3 资讯收集

观察项	结论
了解弹性布局的含义，简要说出它的原理	
在淘宝网和携程网的 CSS 中寻找 "flex" 这个单词	

【任务分析】

进行任务分析，完成表 3-4。

表 3-4 任务分析

观察点	结论
回顾学习过的流式布局方式，思考为什么在 PC 端较少使用百分比，而大量使用流式布局	
简述有哪些可以实现横向布局的方式	

素质小站：温故知新

"温故知新"出自《论语·为政》（图 3-3）。

图 3-3 温故知新

师襄与孔子都是鲁国有名的乐官。师襄在音乐方面造诣很深，闻名于诸侯。

一天，孔子来拜访，两人谈论的话题很快就转到弹琴上。说到激动处，师襄从身边拿过琴，弹奏了一曲。孔子在一旁聆听，感觉此曲出神入化，非同凡响，于是决定向师襄学习弹奏这首曲子。

师襄从来没见到像孔子这样虚心学琴的人。本来孔子的演奏技艺已经很好了，但他并不满足。听完师襄的弹奏之后，孔子就下定决心要向师襄学习，好让自己的琴技再上一层楼。孔子弹奏了大半个月，都是练习同一首曲子。师襄觉得孔子的弹奏水平已经相当高了，就劝他说：“这首曲子你已经熟练掌握了，学一首新的曲子吧。”

孔子却说：“曲调是学会了，可是奏曲的技巧还没学到位。”

过了几天，师襄觉得孔子的弹奏技艺熟练了，又劝他说：“技艺已经学好了，学一首新的曲子吧。”

可是孔子还沉浸在曲调中，过了好一会儿才回答说：“我还没能完全领悟这首曲子的神韵。”

又过了几天，师襄觉察到孔子已经将曲子的神韵完全掌握了，便再次劝他：“你已经领悟到这首曲子的神韵，可以学习新的曲子了。”

让师襄出乎意料的是，孔子还是坚持练习这首曲子。他对师襄说：“还是再等等吧，等我领悟到这首曲子的作者是谁并能想象出他的精神风貌，再学习新的曲子。”

终于有一天，孔子在琴声缭绕中站起来，遥望远方的天空，许久，才若有所思地说：“我已领悟到作者的精神风貌了，这样的曲子，除了周文王还有谁能作得出来呢？”

师襄听后大吃一惊，他立刻从座位上站起来，对着孔子连连作揖道：“是呀是呀，我的老师向我传授此曲的时候，说此曲的名字正是《文王操》呀！”

“温故知新”的原义是温习学过的知识，而得到新的理解和心得，也指回顾历史，领悟历史对现实的指导意义。

本任务介绍弹性布局，它是否与之前学习过的布局方式毫无关联？

答案是否定的，在学习过程中，必然要将各种布局方式进行对比，这就是温故知新。

【初步思路】

小组进行讨论：根据经验，应该如何分步骤完成任务？将初步思路填入表 3-5。

表 3-5   初步思路

开发流程	待解决问题

【知识储备】

知识点 3.1.1　弹性布局原理

关于弹性布局的基本概念如下。

（1）flex 是 flexible box 的缩写，意为"灵活的盒子容器"。弹性布局用来为盒状模型提供最大的灵活性，任何容器都可以被指定为弹性布局。

任务 3.1　知识储备

（2）采用弹性布局的元素称为 flex 容器（flex container），简称"容器"；它的所有子元素自动成为容器成员，称为 flex 项目（flex item），简称"项目"（图 3-4）。

（3）在将父盒子设置为弹性布局以后，子元素的 float、clear 和 vertical-align 属性将失效。

（4）当容器宽度发生变化时，项目的宽度或者间距也跟着发生变化。

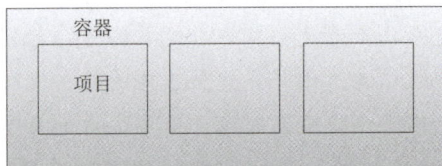

图 3-4　容器和项目示意

案例 3.1

如图 3-5 所示，当浏览器窗口放大时，子盒子的距离变大，当父盒子变小时，子盒子的距离变小。

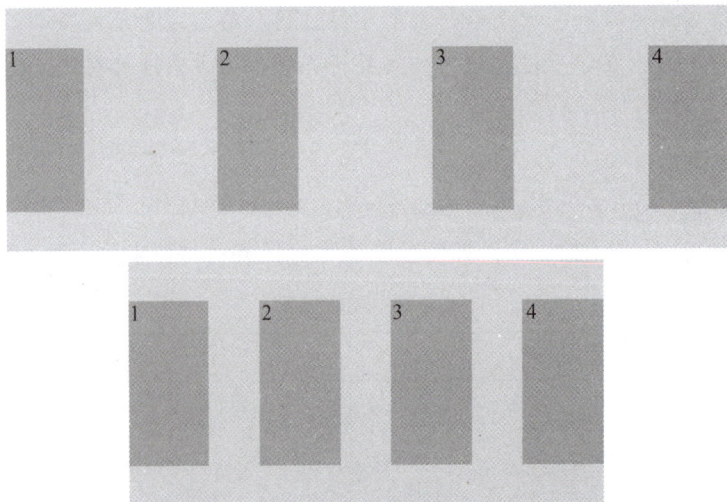

图 3-5　弹性布局随浏览器窗口变化效果

在这个效果中，4 个子盒子的宽度不变，但是它们之间的距离随着父盒子的变化而变化，保持平均分配。如果用流式布局实现，会使用浮动方式，而且子盒子之间的距离控制比较复杂，但使用弹性布局实现则较简单。

使用弹性布局的实现代码如下。

```
<style>
    div {
        height:300 px;
        background-color:bisque;
        display:flex;
        justify-content:space-between;
        align-items:center;
    }
    div>span {
        width:100 px;
        height:200 px;
        border:1 px solid #ccc;
        background-color:aquamarine;
    }
</style>
<div><span>1</span><span>2</span><span>3</span><span>4</span></div>
```

代码注释如下。

（1）"display:flex;"是指采用弹性布局。

（2）"justify-content:space-between;"是指让子盒子两侧靠边，间距平均分配。

（3）"align-items:center;"是指垂直方向居中。

【总结】通过给父盒子添加 flex 属性，可以控制子盒子的位置和排列方式。

知识点 3.1.2 弹性布局的特点和应用场合

弹性布局的特点如下。

（1）操作方便，布局极其简单，移动端使用比较广泛。

（2）PC 端浏览器支持情况比较差。

（3）IE11 或更低版本不支持或仅部分支持。

弹性布局的应用场合如下。

任务 3.1 任务实施

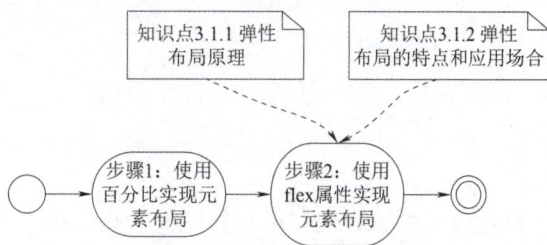

（1）对于 PC 端页面布局，要考虑兼容性（目前大部分浏览器都支持）。

（2）对于移动端或者不考虑兼容性的 PC 端可直接使用。

【任务实施】

步骤与知识关联图如图 3-6 所示。

【目标】设置父元素为盒子，子元素 a 为超链接，表现形式如图 3-7 所示。

图 3-6 步骤与知识关联图

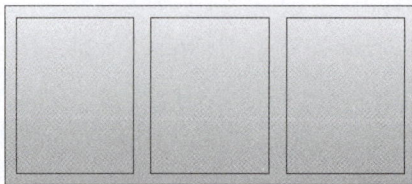

图 3-7　模块线框图

步骤 1：使用百分比实现元素布局。

（1）设计 HTML 结构。

```
<div>
    <a href = "#"></a>
    <a href = "#"></a>
    <a href = "#"></a>
</div>
```

（2）设置 CSS，让子元素 a 成为块级元素，设置宽度、高度，并使其浮动。

```
div {
        width:100% ;
        padding:10 px;
        background-color:#eee;
}
div a {
        display:block;
        float:left;
        width:33.3% ;
        height:100 px;
        border:1 px solid #000;
    }
```

（3）清除浮动的影响，扩大父元素盒子。

```
div::after {
        content:'';
        display:block;
        clear:both;
    }
```

目标效果可以实现，但是发现代码很烦琐。下面使用弹性布局实现目标效果，主要是体验弹性布局的优越性。

步骤 2：使用 flex 属性实现元素布局。

```
*{
    box-sizing:border-box;
}
div{
    display:flex;
    padding:10 px;
    background-color:#eee;
}
div a {
    flex:1;
    height:100 px;
    border:1 px solid #000;
}
```

其中 display：flex 就是将盒子设置成"弹性"容器，子元素 a（超链接）就成为"项目"，虽然超链接是"行内"元素（display：inline），但是因其成为"项目"，所以不再受行内元素的限制（例如不能设置高度和宽度）。flex：1 表示每个"项目"各占 1 份，一共 3 份，因此将父元素三等分。

【效果】两种写法效果是一样的，父元素可以随着浏览器窗口的缩放而变化，各盒子的比例不变。由此可以看出弹性布局的 CSS 代码更加简洁。

【评估总结】

进行任务实施评估，完成表 3-6。

任务 3.1　习题

表 3-6　任务实施评估

观察项	评价
是否完成小组任务分配	
网页结构是否合理	
页面外观是否和效果图一致	
页面中动态效果是否实现	
当浏览器窗口尺寸变化时，效果是否依旧正常	

回顾本任务所学知识，完成表 3-7。

表 3-7　知识回顾

观察项	回答
哪些元素可以设置为弹性布局？	
绝对定位元素的父元素可能采用哪些定位方式？	
使用百分比设置元素的宽度有什么作用？	
流式布局的核心是使用百分比设置元素的高度和宽度，这句话正确吗？	

任务 3.2 搜索模块实现

【任务发布】

从本任务开始在移动端开发仿携程网页面，完成搜索模块的布局（图 3-8）。

图 3-8 携程网页面效果

【资讯收集】

收集相关资讯，完成表 3-8。

表 3-8　资讯收集

观察项	结论
观察携程网（http://m.ctrip.com）页面以及它的 CSS，可以发现很多弹性布局的属性。还可以在哪些网站页面上也能找到很多 flex 属？请写出两个	
观察这些网站页面，当浏览器窗口的宽度变化时，页面元素的宽度是如何变化的？	

【任务分析】

进行任务分析，完成表 3-9。

表 3-9　任务分析

观察项	结论
在进行移动端 Web 开发之前应该做什么准备工作？	
通过拉伸页面，发现整个页面布局可以收缩自如。你将采取哪种布局方式来布局搜索模块？	
说明该页面的布局方式是弹性布局，以及搜索模块的定位方式是什么（相对定位、固定定位、绝对定位还是正常流式定位）	

【初步思路】

小组进行讨论：根据经验，应该如何分步骤完成任务？将初步思路填入表 3-10。

表 3-10　初步思路

开发流程	待解决问题

【知识储备】

知识点 3.2.1　弹性布局的方向 flex-direction

素质小站：汉字的布局

　　古代书籍中文字是从上到下、从右到左布局的，而现代人的书写方式却变成了从左到右。这是为什么？

　　在纸出现之前，人们只能把文字写在兽骨、容器以及竹简（图 3-9）上，所以文字是从上到下、从左到右布局的。竹简第一次把只属于上层社会小范围流传的文字变为大众传播工具，从而形成百家争鸣的文化盛况，使先贤思想流传至今，对于中国文化的传播起到了至关重要的作用。

图 3-9　竹简

任务 3.2　知识储备（一）

任务 3.2　知识储备（二）

1. 容器

　　任何一个元素（块元素、行内块元素、行内元素）都可以设置为弹性容器。通过 display 属性设置元素为弹性容器，其语法格式如下。

```
display:flex;
```

　　它的所有子元素自动成为容器成员，即项目。需要注意的是，项目的 clear（清除浮动）、float（浮动）和 vertical-align（垂直对齐方式）属性将失效。

2. 容器的主轴与侧轴

　　对于设置为弹性布局的容器来说，它的项目有"布局方向"，也就是从左到右排列或从上到下排列。在弹性布局中，容器分为主轴和侧轴两个方向，如图 3-10 所示。

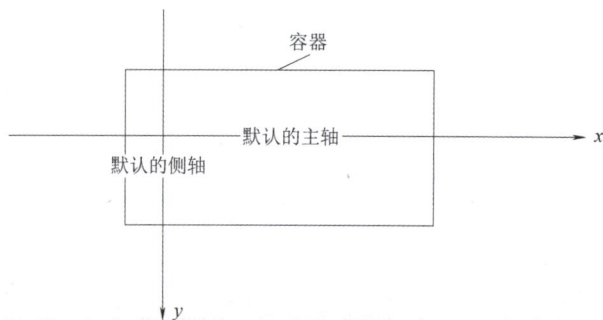

图 3-10　容器的主轴、侧轴示意

（1）默认主轴就是 x 轴，水平向右。

（2）默认侧轴就是 y 轴，水平向下。

主轴和侧轴是会变化的，flex-direction 设置哪个轴为主轴，则另一个轴就是侧轴。子元素是根据主轴排列的。flex-direction 的取值见表 3-11。

表 3-11　flex-direction 的取值

flex-direction 的取值	示意图
row（默认值）	
row-reverse：主轴为水平方向，起点在右端	
column：主轴为垂直方向，起点在上端	
column-reverse：主轴为垂直方向，起点在下端	

知识点 3.2.2　主轴上的排列方式 justify-content

justify-content 决定了子元素在主轴（默认的 x 轴正方向）上的分布，例如左对齐、右对齐、中间对齐、两端对齐。justify-content 的取值见表 3-12。

表 3-12　justify-content 的取值

justify-content 的取值	解释	示意图（假设主轴是 x 轴正方向）
flex-start（默认值）	起点对齐	
flex-end	终点对齐	

justify-content 的取值	解释	示意图（假设主轴是 x 轴正方向）
center	居中	
space-between	两端对齐，项目的间隔都相等	
space-around	每个项目两侧的间隔相等，因此，项目的间隔比项目与边框的间隔大 1 倍	

案例 3.2

设置一个包含 3 个图片的盒子，代码如下。

```
div {
    width:400 px;
    background-color:#f9f9f9;
    padding:10 px 0;
    border:1 px solid #000;
    /*清除图片之间的小缝隙*/
    font-size:0;
}
img {
/* 图片设置了高度和宽度,其实对图片进行了缩放 */
    width:100 px;
    height:70 px;
    border:1 px solid #000;
}
...
<div>
    <img src="./1cat.jpeg" alt="" />
    <img src="./2cats.jpeg" alt="" />
    <img src="./3cats.jpeg" alt="" />
</div>
```

效果如图 3-11 所示。

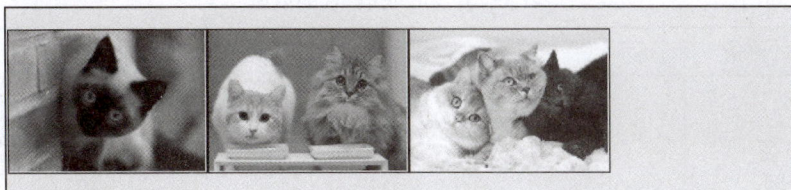

图 3-11   **flex-start** 布局示意

设置 CSS 使图片横向等距离排列。在盒子的 CSS 中补充代码，其中第二句可以省略。

```
display:flex;
flex-direction:row;
justify-content:space-around;
```

效果如图 3-12 所示。

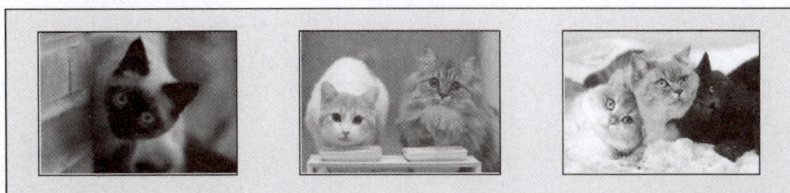

图 3-12   **space-around** 布局示意

值得一提的是，即使项目变成超链接 a，或者 div、p，效果也是一样的，读者可以自己试一试。

在本案例中，如果规定父元素的高度 height 为 150 px，即比图片高，那么效果如图 3-13 所示。

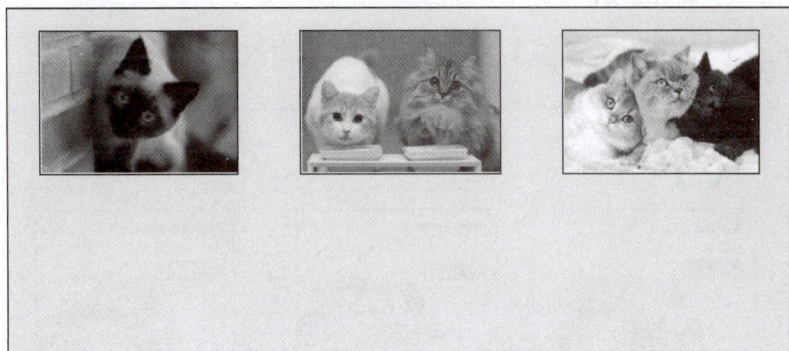

图 3-13   容器高度较大的效果

知识点 3.2.3   侧轴上的排列方式（单行）align-items

align-items 在子项为单行的时候使用，用来控制子项目在侧轴（如果 x 轴是主轴，那么侧轴就是 y 轴）上的排列方式 。align-items 的取值见表 3-13。

表 3-13   **align-items** 的取值

align-items 的取值	解释	示意图（以主轴向右，侧轴向下为例）
flex-start	起点对齐	
flex-end	终点对齐	
center	居中	
stretch	拉伸。注意：该效果在子项目高度没有设置的情况下才有效	

如果想让的若干张图片变成图 3-14 所示的效果，应该添加什么代码？

图 3-14   目标布局效果

【任务实施】

步骤与知识关联图如图 3-15 所示。

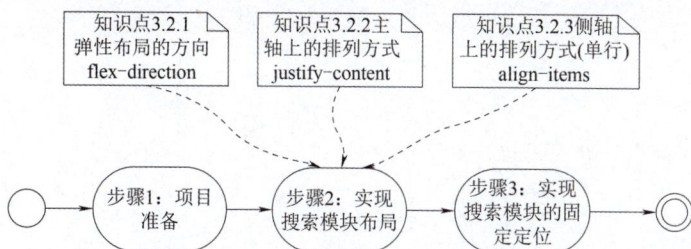

任务 3.2　任务实施（一）

任务 3.2　任务实施（二）

图 3-15　步骤与知识关联图

步骤 1：项目准备。

（1）建立项目文件目录。

建立首页文件夹"css"、静态图片文件夹"images"、动态图片文件夹"upload"、JS 文件夹"js"等，如图 3-16 所示。

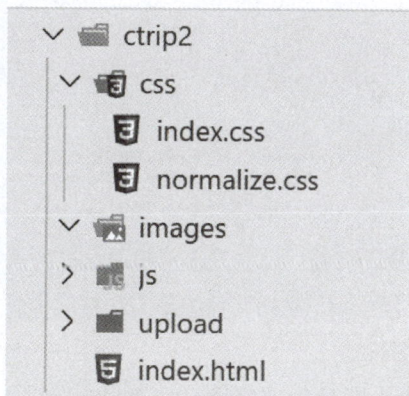

任务 3.2　任务实施（三）

图 3-16　项目文件目录

（2）设置视口标签以及引入初始化样式。

```html
<meta name="viewport" content="width=device-width,user-scalable=no,initial-scale=1.0,maximum-scale=1.0,minimum-scale=1.0">

<link rel="stylesheet" href="css/normalize.css">
<link rel="stylesheet" href="css/index.css">
```

（3）设置常用初始化样式。

```css
body {
    max-width:540 px;
    min-width:320 px;
```

```
    margin:0 auto;
    font:normal 14 px/1.5 Tahoma,"Lucida Grande",Verdana,"Microsoft Yahei",STX-
ihei,hei;
    color:#000;
    background:#f2f2f2;
    overflow-x:hidden;
    -webkit-tap-highlight-color:transparent;
}
* {
    margin:0;
    padding:0;
}
ul {
    list-style:none;
    margin:0;
    padding:0;
}
a {
    text-decoration:none;
    color:#222;
}
* {
    box-sizing:border-box;
}
```

（4）制作该页面需要的图标。

在阿里图标库页面登录个人账户，搜索图标，加入购物车，在购物车中添加至项目，最后下载到本地，得到一个定制的字体图标库。这里制作了"放大镜""3.1电话""下载"3个字体图标，如图3-17所示。

| 下载 | 3.1电话 | 放大镜 |
| icon-xiazai | icon-31dianhua | icon-fangdajing |

图3-17　3个字体图标

将字体图标导入项目，打开压缩包后目录结构如图3-18所示。

图 3-18　字体图标的目录结构

其中"iconfont. css"中的下列代码表明需要 3 个字体文件，分别是"iconfont. woff2" "iconfont. woff"和"iconfont. ttf"。

```css
@ font-face {
    font-family:"iconfont";
    src:
    url('../font/iconfont.woff2? t=1652536400110')format('woff2'),
    url('../font/iconfont.woff? t=1652536400110')format('woff'),
    url('../font/iconfont.ttf? t=1652536400110')format('truetype');
}
.iconfont {
    font-family:"iconfont" ! important;
    font-size:16 px;
    font-style:normal;
    -webkit-font-smoothing:antialiased;
    -moz-osx-font-smoothing:grayscale;
}
.icon-xiazai:before {
    content:" \e668";
}

.icon-31dianhua:before {
    content:" \e600";
}
.icon-fangdajing:before {
    content:" \e6e4";
}
```

在项目中建立文件夹"font"，将这 3 个文件复制进去，如图 3-19 所示。

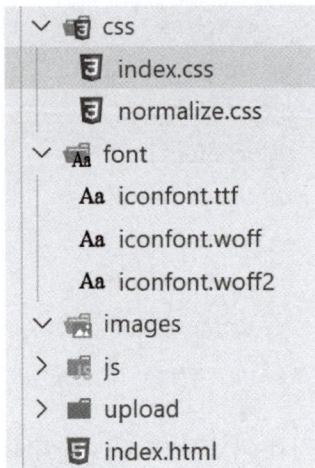

图 3-19　项目目录

将 "iconfont. css" 中的所有内容复制到项目的 "index. css" 文件中，需要注意修改字体文件的路径。

```
@ font-face {
    font-family:"iconfont";
    /* Project id 3401517 */
    src:
    url('../font/iconfont.woff2? t=1652536400110')format('woff2'),
    url('../font/iconfont.woff? t=1652536400110')format('woff'),
    url('../font/iconfont.ttf? t=1652536400110')format('truetype');
}
```

【测试】

在 "index. html" 中加入以下代码，查看是否出现图标。

```
<span class="iconfont icon-xiazai"></span>
```

步骤 2：实现搜索模块布局。

实现图 3-20 所示的效果。

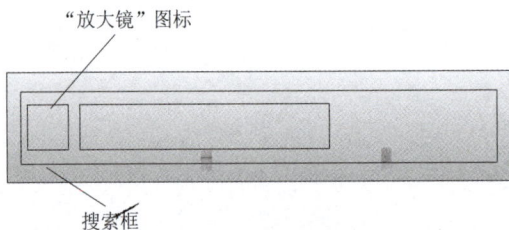

图 3-20　搜索模块线框图

（1）实现 HTML 结构。

```
<div class="search">
    <div class="search-box">
        <span class="iconfont icon-fangdajing"></span>
        <span>搜索:目的地/酒店/景点/航班号</span>
    </div>
</div>
```

（2）通过 CSS 设置 .search 的内边距：上 12 px，下 6 px，左、右 12 px。设置 .search-box 的高度为 32 px，边框粗细为 2 px，颜色为#0086f6。设置"放大镜"图标的左外边距为 10 px。

```
.search {
    padding:12 px 12 px 6 px;
}


.search .search-box {
    height:32 px;
    border-radius:16 px;
    border:2 px solid #0086f6;
}


.search .search-box .iconfont {
    margin-left:10 px;
}
```

效果如图 3-21 所示。

Q 搜索:目的地/酒店/景点/航班号

图 3-21   搜索框阶段效果

发现在垂直方向上没有中间对齐。考虑到弹性布局在 y 轴有一个居中对齐的属性 align-items，进行调整。

（3）使用弹性布局实现垂直居中。

在 .search .search-box 元素中添加下列代码，让它的子项目在侧轴上居中。

```
display:flex;
align-items:center;
```

效果如图 3-22 所示，这是搜索框修改前后的对比。

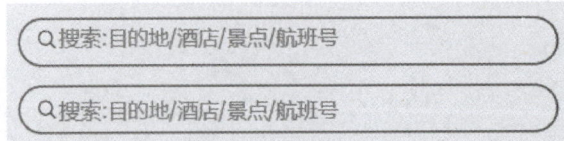

图 3-22　搜索框修改前后的对比

步骤 3：实现搜索模块的固定定位。

（1）为搜索模块添加宽度 100%，因为固定元素的宽度为自动，不再占满父元素的宽度。考虑到浏览器窗口特别宽和特别窄的情况，设置最大宽度和最小宽度（100%不合适）。

```
width:100% ;
max-width:540 px;
min-width:320 px;
```

（2）让盒子进行固定定位，其中 left 的设置使用了 CSS3 的平移。这里百分比的参照物都是父元素，也就是 body 的宽度。

```
position:fixed;
top:0;
left:50% ;
transform:translateX(-50%);
```

【效果】当页面下部很长（可以暂时使用很多换行标签代替较长的页面内容），页面上下滚动时，会看到搜索框的位置始终保持在浏览器窗口的顶部。

【评估总结】

进行任务实施评估，完成表 3-14。

表 3-14　任务实施评估

任务 3.2　习题

观察项	评价
是否完成小组任务分配	
网站目录结构是否合理	
网页结构是否合理	
页面外观是否和效果图一致	
设计文档是否合理	
是否采用了弹性布局方式	
搜索模块内容是否可以随着浏览器窗口宽度的变化合理布局	

回顾本任务所学知识，完成表 3-15。

表 3-15　知识回顾

观察项	回答
在弹性布局中，什么叫作容器？	
哪个属性可以设置弹性布局容器的主轴方向？	
在容器中如何划分主轴和侧轴？	
哪个属性可以控制容器主轴上子项目的间距（例如左对齐、中间对齐，或者等距离分布）？	
哪个属性可以控制子元素所在的行在侧轴上的分布（例如靠上分布、靠下分布，或者居中分布）？	
align-items 的作用是什么？它适用于何种情况？	

任务 3.3　导航模块制作

【任务发布】

完成仿携程网页面导航模块制作。

【资讯收集】

收集相关资讯，完成表 3-16。

表 3-16　资讯收集

观察项	结论
导航模块在网页中起什么作用？	
在淘宝、京东的移动端页面找出导航模块	
思考什么样的导航模块更加吸引人	

素质小站：精益求精

　　比较成功的网页无不是制作精美、高效互动、界面友好的。有的同学认为网页制作不难，只满足于"完成"，而不追求精益求精（图 3-23），这就会让网站失去部分商业价值。

　　在制作网页时，需要钻研如何使页面更美观、界面更友好，可以借鉴比较成功的网站的经验（这得益于网页源代码是公开的）。

图 3-23　精益求精

【任务分析】

观察图 3-24 所示导航模块的内容，发现每一列是一组相关的内容，可以将一列看成一个单元，因此任务简化成 1 个容器包含 5 个子项目的问题。在弹性布局中如何平均分配给 5 个子项目？除了流式布局，还有更简洁的方法可以实现平均分配父元素空间吗？

图 3-24　导航模块的内容

进行任务分析，完成表 3-17。

表 3-17　任务分析

观察项	结论
观察导航模块的内容，"酒店""民宿/客栈""特价/爆款"有什么特点？"机票""机+酒""接送机/包车"又有什么关系？	
由上面的观察，应该从左到右、从上到下的布局，还是应该将每列当成一个整体先分成横向的 5 组，再每组纵向分成 3 个子项目？	
回顾上一任务所学的内容，说出对一个元素进行弹性布局的步骤	

【初步思路】

小组进行讨论：根据经验，应该如何分步骤完成任务？将初步思路填入表 3-18。

表 3-18　初步思路

开发流程	待解决问题

【知识储备】

知识点 3.3.1　弹性布局平均分配属性 flex

在容器中，平均分配空间给它的子项目是实际运用中常见的操作。在流式布局中，各占一半可表示为宽度的 50%；弹性布局提供了更简洁的方式，不需要知道每个盒子的宽度占比。

flex 属性定义子项目分配剩余空间，用 flex 表示子项目所占份数，如图 3-25 所示。

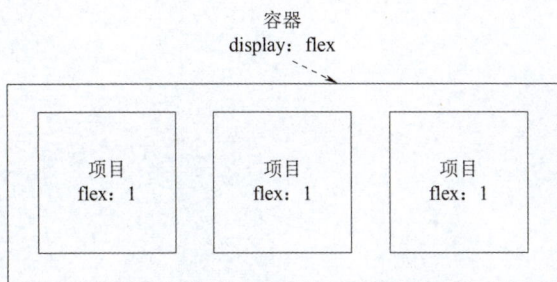

图 3-25　flex：1 的分配效果

任务 3.3　知识储备（一）

任务 3.3　知识储备（二）

```
.container{
  display:flex;
}
.item{
    flex:<number>; /* 默认值 0 */
}
```

【注意】

（1）flex 属性和之前的 display：flex 是不同的，不要混淆。

（2）前提是父容器必须先设置成 display：flex。

（3）flex 属性是给子项目设置的，其中数字表示它在容器中所占份数。

案例 3.3　实现子项目按比例分配。其中第一个子项目占 2 份，第二个及其后面的子项目占 1 份，如图 3-26 所示。

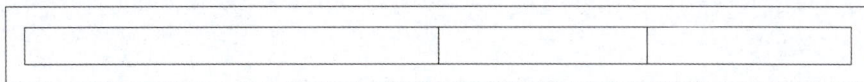

图 3-26　flex 非平均分配的效果

```
<header>
<style>
    .father {
```

```
            width:100% ;
            display:flex;
        }
        .child:first-child {
            flex:2;
        }
        .child:nth-child(n + 2){
            flex:1;
        }
    </style>
</head>
<body>
    <div class="father">
        <div class="child"></div>
        <div class="child"></div>
        <div class="child"></div>
    </div>
</body>
```

案例 3.4　实现剩余空间的分配。

第一个和最后一个子项目的宽度固定为 100 px、200 px，剩余的空间分成 2 个一样宽的空间，如图 3-27 所示。

| 固定宽度100 | | | 固定宽度200 |

图 3-27　flex 分配剩余空间示意

```
<style>
    .father {
        display:flex;
    }

    .child:first-child {
        width:100 px;
    }

    .child:last-child {
        width:200 px;
    }
```

```
        .child:nth-child(2),
        .child:nth-child(3){
            flex:1;
        }
    </style>
</head>

<body>
    <div class="father">
        <span class="child">固定宽度100</span>
        <span class="child"></span>
        <span class="child"></span>
        <span class="child">固定宽度200</span>
    </div>
</body>
```

最后，中间的两个区域可以随着父元素宽度的变化而变化，保持 1 ∶ 1，而两边的两个空间宽度不变，固定为 100 px 和 200 px。

知识点 3.3.2　线性渐变函数 linear-gradient( )

linear-gradient( )函数的语法格式如下。

```
background:linear-gradient(direction,color-stop1,color-stop2,...);
```

linear-gradient( )函数用于创建一个表示两种或多种颜色线性渐变的图片。

通常只需要使用 linear-gradient( )，其兼容性较好，但在 iPhone5 的 iOS6 系统中，linear-gradient( )不被识别，需要使用-webkit-linear-gradient。参数 direction 的取值见表 3-19。

表 3-19　direction 的取值

direction 的取值	解释	图示
无（默认值）	从上到下	
90deg	从左到右	

direction 的取值	解释	图示
to left top	从右下到左上	

例如：

```
background-image:linear-gradient(45deg,red,yellow);
```

可以设置一个元素的背景是从左下到右上，颜色从红色均匀变到黄色。

另外，可以设置 3 个颜色，还可以在颜色后面加上比例，如下所示。

```
linear-gradient(90deg,red 20%,yellow 50%,blue 100%);
```

如图 3-28 所示，渐变方向是从左到右，20% 表示在 20% 的位置是红色，因为左边没有其他颜色，所以从 0% 到 20% 都是红色，在 50% 的位置是蓝色。20%～50% 是红色到黄色渐变。同理，最右边也就是 100% 的位置是蓝色，50%～100% 是从黄色到蓝色的渐变。

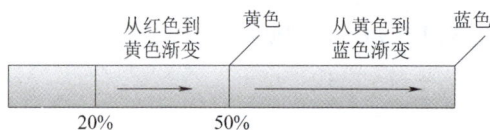

图 3-28 渐变示意

【多学一招】

除了制作背景，还能制作渐变色的文字，如图 3-29 所示。这就需要另外一个属性 background-clip 配合。它的原理是把文字首先设置成透明颜色，以显示背景，背景只与文字形状一样，而不会出现在文字以外的地方。下面这段代码的效果是文字从上到下，从黑色到最后几行慢慢变成白色。

图 3-29 渐变色文字效果

```
#example1 {
/*calc()是计算函数,100%是指元素高度的百分百,因为方向是朝下,所以100%是对于高度来说的 */
background - image: linear - gradient ( black 0%, black calc ( 100% - 20 px ),
white 100% );
```

```
-webkit-background-clip:text;
color:transparent;
}
```

【任务实施】

步骤与知识关联图如图 3-30 所示。

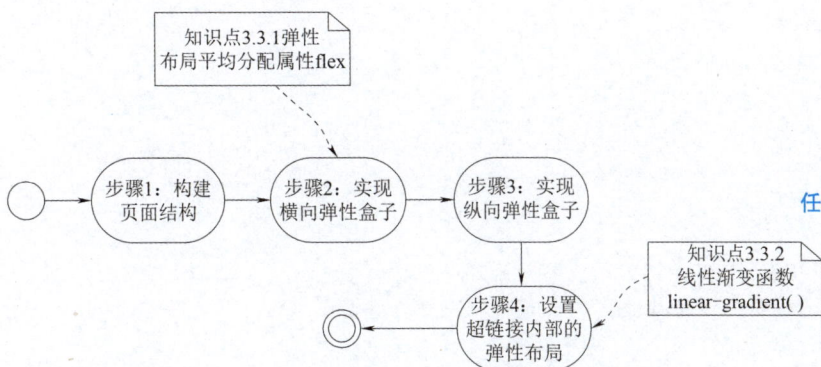

知识点3.3.1弹性
布局平均分配属性flex

步骤1：构建
页面结构

步骤2：实现
横向弹性盒子

步骤3：实现
纵向弹性盒子

知识点3.3.2
线性渐变函数
linear-gradient( )

步骤4：设置
超链接内部的
弹性布局

任务 3.3　任务实施（一）

任务 3.3　任务实施（二）

图 3-30　步骤与知识关联图

任务 3.3　任务实施（三）

步骤 1：构建页面结构。

构建图 3-31 所示的页面结构。

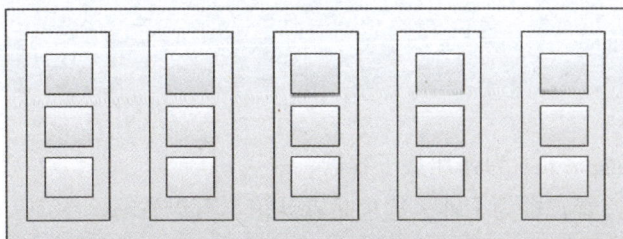

任务 3.3　任务实施（四）

图 3-31　页面结构

（1）建立横向导航结构。

```
<div class="main-nav">
    <ul class="nav-list nav-hotel">
    </ul>
    </ul>
    <ul class="nav-list nav-train">
    </ul>
    <ul class="nav-list nav-vocation">
    </ul>
```

```
    <ul class="nav-list nav-gs">
    </ul>
</div>
```

（2）在每个 ul 中设置 li。

```
<li class="nav-item">
    <a href="#">
        <span class="nav-icon"></span>
        <span>酒店</span>
    </a>
</li>
<li class="nav-item">
    <a href="#">
        <span class="nav-icon"></span>
        <span>民宿/客栈</span>
    </a>
</li>
<li class="nav-item">
    <a href="#">
        <span class="nav-icon"></span>
        <span>特价/爆款</span>
    </a>
</li>
```

步骤 2：实现横向弹性盒子。

（1）通过 display:flex 设置 .main-nav 为弹性盒子容器。

（2）通过 flex-direction:row 设置正轴为 x 轴，这也是默认值，可以省略。

（3）设置每个 ul 为 flex:1，表示子项目各占 1 份，因此平均分配空间给每个 ul。

```
nav .main-nav {
    display:flex;
    flex-direction:row;
    margin:6 px 12 px 2 px;
    border-radius:10 px;
    overflow:hidden;
}

nav .main-nav .nav-list {
    flex:1;
}
```

步骤 3：实现纵向弹性盒子。

（1）将 . nav-list 设置成容器。

（2）设置主轴为 y 轴。

（3）设置每个子项目的高度为 58 px。

```
nav .main-nav .nav-list {
    display:flex;
    flex-direction:column;
}


nav .main-nav .nav-list .nav-item {
    height:58 px;
}
```

效果如图 3-32 所示，可以发现每个子项目 li 的宽度是父元素 ul 的宽度，高度是 58 px。

酒店	机票	火车票	旅游	景点/攻略
民宿/客栈	机+酒	汽车/船票	门票/活动	美食
特价/爆款	接送机/包机	租车	周边游	购物/免税

图 3-32　阶段效果

步骤 4：设置超链接内部的弹性布局。

图 3-33 所示是超链接外观，图 3-34 所示是超链接的内部结构，显然可以采用弹性布局，先设置主轴是 y 轴，再设置侧轴的对齐方式为中间对齐。

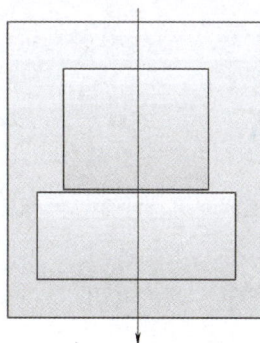

图 3-33　超链接外观　　图 3-34　超链接的内部结构

（1）设置 a 为容器。

（2）设置容器的正方向是 y 轴正方向。

（3）设置主轴的对齐方式是居中，否则图像会偏上，如图 3-35 所示。

图 3-35　阶段效果

（4）设置容器的侧轴（x 轴）的对齐方式也为居中，否则图像会偏左边，如图 3-36 所示。

图 3-36　阶段效果

```
nav .main-nav .nav-list .nav-item a {
    display:flex;
    height:100%;
    flex-direction:column;
    justify-content:center;
    align-items:center;
}

nav .main-nav .nav-list .nav-item a>.nav-icon {
    width:28 px;
    height:28 px;
    margin-bottom:4 px;
}
```

调整布局的对齐方式后，效果如图 3-37 所示。

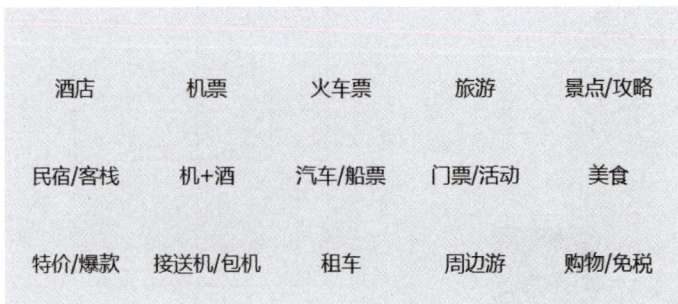

酒店	机票	火车票	旅游	景点/攻略
民宿/客栈	机+酒	汽车/船票	门票/活动	美食
特价/爆款	接送机/包机	租车	周边游	购物/免税

图 3-37　阶段效果

（5）设置 .nav-icon 背景图。背景图的尺寸会大一些，以适用于高清屏幕，只需要使用 background-size 对图像尺寸进行处理即可。

```
nav .main-nav .nav-list.nav-hotel .nav-item:first-child a>.nav-icon {
    background:url(../images/hotel.png)no-repeat center center;
    background-size:contain;
}
```

（6）设置 li 的背景颜色，使用线性渐变函数。

```
nav .main-nav .nav-list.nav-hotel .nav-item:first-child {
    background-image:linear-gradient(180deg,#fa5956,#fb8650);
}
```

超链接最终效果如图 3-38 所示。

图 3-38　超链接最终效果

【评估总结】

进行任务实施评估，完成表 3-20。

任务 3.3　习题

表 3-20　任务实施评估

观察项	评价
是否完成小组任务分配	
网站目录结构是否合理	
网页结构是否合理	
页面外观是否和效果图一致	
设计文档是否合理	
是否采用了弹性布局方式	
导航模块内容是否可以随着浏览器窗口宽度的变化合理布局	

回顾本任务所学的知识，完成表 3-21。

表 3-21　知识回顾

观察项	回答
使用容器时，是否需要考虑一个元素是块级元素还是行内元素？超链接可以作为容器吗？	
容器是否可以嵌套使用？也就是一个祖父元素可以是容器，父元素是项目，子元素作为子项目的同时，还可以成为容器，对应的子项目是孙子元素，相当于祖孙三代，第二代既是祖父元素的孩子，也是孙子元素的父元素	
在弹性布局中，还需要进行 padding、margin 的设置吗？为什么？	
渐变颜色在网页中运用比较广泛，它是如何通过 CSS3 设置实现的？	

【多学一招】

移动端的图片一般比实际需要的大。例如，空间尺寸是 20 px×30 px，而素材尺寸是 40 px×60 px 或者 60 px×90 px。

这是因为移动端几乎都采用高清屏幕，如果图片和实际需要的尺寸一样，那么一个像素点就变成多个像素点，图片会变得模糊。使用 background-size 进行缩放的图片则不会出现这个问题。

CSS 中的 1 个逻辑像素点相当于高清屏幕中的 4 个像素点或者 9 个像素点，如图 3-39 所示。因此，20 px×30 px 的图片在网页上占据 20 px×30 px 的逻辑尺寸，在高清屏幕中，会把图片中的一个点扩展成 4 个点或者 9 个点，那么图片看起来就是粗糙的。

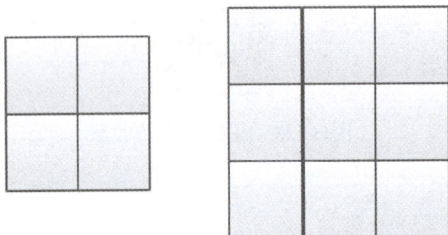

图 3-39　逻辑像素在不同高清屏幕中对应的像素

一般移动端提供的素材图片的尺寸都是实际需要尺寸的 3 倍以上，当页面缩放时图片本身不会受损，在高清屏幕中会还原图片的真实像素，不会让图片变得粗糙。

任务 3.4　推荐商品模块制作（选学）

【任务发布】

制作商品模块，其左边是一个轮播广告，如图 3-40 所示。

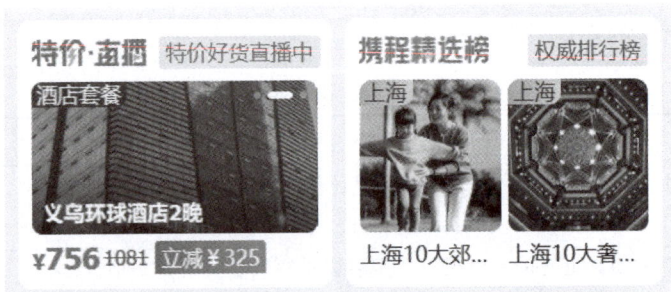

图 3-40　商品模块效果

【资讯收集】

收集相关资讯，完成表 3-22。

表 3-22　资讯收集

观察项	结论
找出 1 个网站上的轮播广告，说一说轮播广告的作用	
轮播广告的制作方式有哪些？请搜索相关资料进行总结	
说一说 jQuery 插件是什么	

【任务分析】

进行任务分析，完成表 3-23。

表 3-23　任务分析

观察项	结论
从总体上看，商品模块是什么结构？	
可以考虑自己编写 JS 代码轮播广播实现，也可以借助现成的 jQuery 库实现。去"jQuery 之家"网站查找是否有合适的插件可以使用	
右边的商品模块应该如何布局？画出布局线框图	

素质小站：取长补短，避免生搬硬套

梅须逊雪三分白，雪却输梅一段香。——卢钺《雪梅》

这两句诗蕴含的哲理如下：人各有所长，也各有所短，要有自知之明；取人之长，补己之短（图 3-41）才是正理。

在学习技术的过程中，借鉴前人的经验很有必要，但是不能生搬硬套，应合理修改，使之为我所用。

图 3-41　取长补短

使用 jQuery 插件就是合理运用现成的 jQuery 代码实现一定的目标，要灵活应用 jQuery 插件，使其满足项目的需求，这需要牢固的知识来支撑。

【初步思路】

小组进行讨论：根据经验，应该如何分步骤完成任务？将初步思路填入表 3-24。

表 3-24 初步思路

开发流程	待解决问题

【知识储备】

知识点 3.4.1 CSS3 属性 object-fit

网页的素材图片尺寸往往和实际需要的尺寸不一样，例如有一个容器的尺寸是 200 px×260 px，但是所提供的图片的尺寸是 210 px×230 px，如图 3-42 所示。不但图片大小和实际需要的不同，而且图片的比例也和实际需要的不一样，即图片的高宽比有偏差。

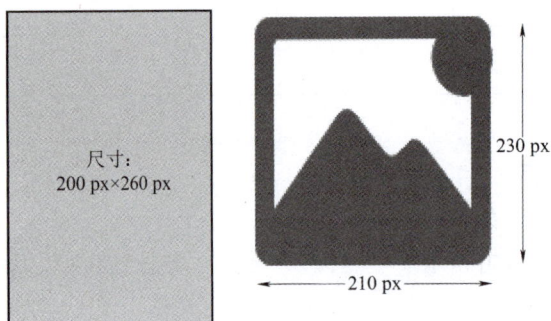

图 3-42 图片与实际需求不一致

任务 3.4 知识储备（一）

任务 3.4 知识储备（二）

background-size 属性可以对背景图片进行尺寸调整。对于 img 标签，也有一个相应的 object-fit 属性对其进行调整，如图 3-43 所示。object-fit 的取值见表 3-25。

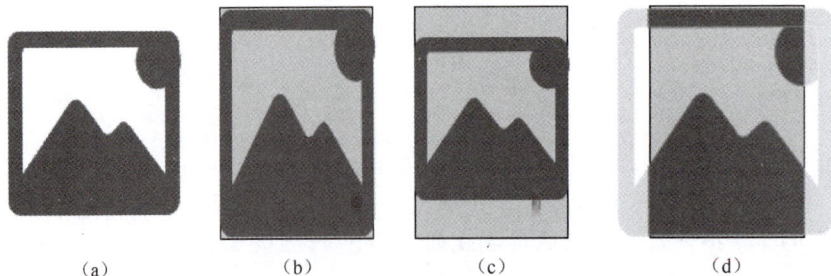

图 3-43 object-fit 属性示意

（a）原图；（b）object-fit:fill；（c）object-fit:contain；（d）object-fit:cover

表 3-25　**object-fit** 的取值

object-fit 的取值	解释
fill	默认，不保证保持原有的比例，内容拉伸至填充整个容器
contain	保持原有比例，但部分内容可能被剪切
cover	保留原有元素内容的长度和宽度，也就是说内容不会被重置

　　案例 3.5　容器的尺寸已经给定，但是图片的大小和比例都不同，设置宽度和高度100%虽然可以将图片设置得和容器一样大小，但图片会变形。object-fit 的取值为 cover 和 contain 时图片都不会变形，只是显示方式不同。

```
<style>
    div {
        width:100 px;
        height:150 px;
        border:1 px solid #000;
    }


    div>img {
        width:100% ;
        height:100% ;
        object-fit:cover;
    }
</style>
</head>

<body>
    <div>
        <img src="./images/child.jpg" alt="" />
    </div>
```

效果如图 3-44 所示。

图 3-44　**object-fit** 设置效果（1）

将 cover 改成 contain，效果如图 3-45 所示。

图 3-45　object-fit 设置效果（2）

知识点 3.4.2　jQuery 插件介绍

使用 jQuery 编写网页复杂特效有时稍显复杂，这时可以借助 jQuery 插件完成。jQuery 插件也是依赖 jQuery 完成的，因此必须先引入 jQuery 文件。

常用的 jQuery 插件网站。

（1）jQuery 插件库（http://www.jq22.com/）。

（2）jQuery 之（http://www.htmleaf.com/）。

jQuery 插件的使用步骤如下。

（1）引入相关文件（jQuery 库文件）。

（2）复制相关 HTML、CSS、JS 代码（调用插件）。

（3）按照网页的具体需求进行修改。

"jQuery 之家"网站首页如图 3-46 所示。

图 3-46　"jQuery 之家"网站首页

左侧的 jQuery 库包括很多插件分类，本任务所需要的插件在"幻灯片和轮播图"分类中。在该发类中有很多免费插件可以直接使用。使用的方法是将 HTML、CSS 和 jQuery 代码嵌入项目。具体在"任务实施"中介绍。

知识点 3.4.3　jQuery 轮播图插件

在"jQuery 之家"网站首页中搜索"轮播图"，找到 awesome-sider 插件，如图 3-47 所示。它是一款支持移动端的 JS 插件。

图 3-47　awesome-slider 插件

可以单击"查看演示"按钮，来观察该插件在不同的屏幕中的表现形式，如果符合需求，则将其下载到本地，进行调试和使用。

1. awesome-slider 插件的目录

awesome-slider 插件的目录结构如图 3-48 所示。其中"index.html"就是最终展示效果。该网站提供几种效果，其中第二个是本任务所需要的，其运行示意如图 3-49 所示，因此只需要关注这部分的代码即可。

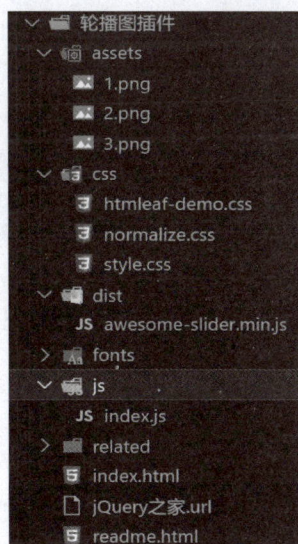

图 3-48　awesome-slider 插件的目录结构

图 3-49　awesome-slider 插件运行示意

2. 关键部分代码介绍

（1）"index. html" 中的关键容器。

```
<div id="root">
```

该容器正是轮播图的存放容器。下面是 "index. html" 所需的 CSS 文件。

```
<linkrel="stylesheet" type="text/css" href="css/normalize.css" /><! --CSS RE-
SET-->
<link rel="stylesheet" type="text/css" href="css/htmleaf-demo.css"><! --演示
页面样式,使用时可以不引用-->
<link rel="stylesheet" href="./css/style.css" />
```

其中第一个 CSS 文件是移动端通用 CSS 文件，项目中已导入。第二个 CSS 文件为演示页面样式，使用时可以去掉。第三个 CSS 文件是该效果必需的 CSS 文件，需要导入。

（2）"index. html" 所需的 JS 文件。

```
<scriptsrc="./dist/awesome-slider.min.js"></script>
<script src="./js/index.js"></script>
```

第一个 JS 文件（. min. js）是压缩文件，一般来说只需要引入，不需要修改。第二个 JS 文件是需要大概了解的文件，因为如果把该插件 "据为己有"，就需要修改该文件的部分代码。

3. 使用 awesome-slider 插件

1）导入所需文件

将之前提到的 "dist/awesome-slider. min. js" "/js/index. js" "/css/style. css"（改名为 "sliderstyle. css"）3 个文件导入项目，目录结构如图 3-50 所示。

146

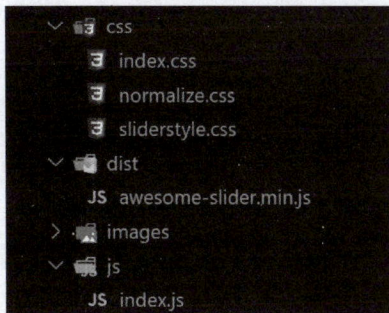

图 3-50　项目的目录结构

2）修改 HTML 代码

（1）加入引入 CSS 语句。

```
2133750412    <linkrel="stylesheet" href="./css/sliderstyle.css" />
```

（2）加入引入 JS 语句。

```
2133750413 <scriptsrc="./dist/awesome-slider.min.js"></script>
<script src="./js/index.js"></script>
```

在 HTML 页面中加入容器，用来存放 awesome-slider 插件。

```
2133750414 <! --轮播广告 -->
    <div class="focus">
        <div id="root"></div>
    </div>
```

使用 focus 进行定位布局，而 root 只负责播放轮播内容。

3）修改 CSS 代码

查看 "./css/sliderstyle. css" 的内容。

可以发现，开始的这段代码是将#root 盒子布局到页面中间，设置位置，而 body 元素已经实现了这样的功能（居中和最大/最小宽度），因此这段代码可以删除，以避免产生重复功能。

```
/* #root {
    width:100% ;
    max-width:540 px;
    min-width:320 px;
    margin:0 auto;
    background-color:#eee;
    padding:15 px 0;
}
```

```
@ media(min-width:540 px){
    #root {
        width:540 px;
    }
} * /
```

4）修改"js/index.js"代码

修改图片和盒子的相关信息。

下面代码中的 imagesCommon 是轮播图的地址，因此将其修改成自己的文件目录。

第二句代码的作用是获得网页元素#root，需要保证 HTML 中有这个元素，Id 为 root。

```
var imagesCommon = [ "./upload/ slide1.jpg","./upload/ slide2.png","./upload/
slide3.jpg"];
    var root = document.getElementById("root");
```

该段代码实现了好几种轮播效果，例如"默认的轮播""自定义内容轮播""比例可以修改的轮播"等，而这里需要图片链接轮播效果，而且图片的比例需要自定义，因此删除其他类型轮播效果的代码，对图片链接轮播效果的代码进行修改。

awesome-slider 插件的 JS 源代码截图，如图 3-51 所示。

这里的 text 的内容决定了下面的代码是哪种类型，这里需要的是图 3-51 中的第二行 function 的内容，并且全部修改成图片链接的方式。在下面的参数中添加比例参数。该比例参数是轮播盒子的高宽比。

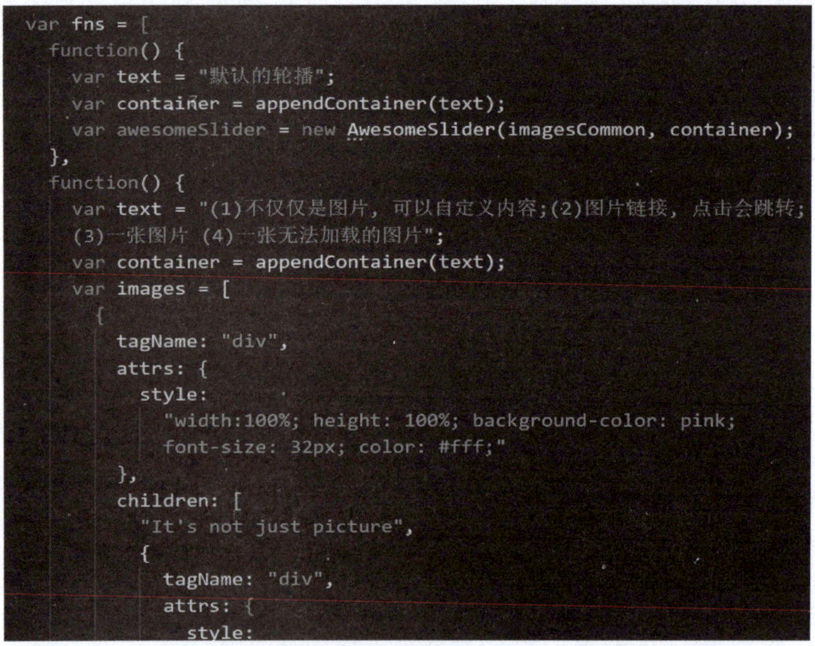

图 3-51　awesome-slider 插件的 JS 源代码截图

```
varfns=[

    function(){

        var text="";
        var container=appendContainer(text);
        var images=[{
                tagName:"a",
                attrs:{
                    href:"#",
                    style:"width:100%; height:100%;
display:block",
                    target:"_blank"
                },
                children:[{
                    tagName:"img",
                    attrs:{
                        src:"./assets/slide1.png",
                        style:"width:100%; height:100%;
border-radius:10 px"
                    }
                }]
            },
            {
                tagName:"a",
                attrs:{
                    href:"#",
                    style:"width:100%; height:100%;
display:block; ",
                    target:"_blank"
                },
                children:[{
                    tagName:"img",
                    attrs:{
                        src:"./assets/slide2.png",
                        style:"width:100%; height:100%;
border-radius:10 px"
                    }
                }]
```

```
                },
                {
                    tagName:"a",
                    attrs:{
                        href:"#",
                        style:"width:100%; height:100%;
display:block;",
                        target:"_blank"
                    },
                    children:[{
                        tagName:"img",
                        attrs:{
                            src:"./assets/slide3.png",
                            style:"width:100%; height:100%;
border-radius:10 px"
                        }
                    }]
                }
        ];
        var awesomeSlider=new AwesomeSlider( images,container,{
            //是否自动播放
            autoplay:true,
            //设置轮播盒子的尺寸
            ratio:3 /2
        });
    }

];
```

效果如图 3-52 所示，图片链接进行轮播，通过触摸可以滑动轮播图。

图 3-52　awesome-slider 插件修改后的运行效果

【任务实施】

步骤与知识关联图如图 3-53 所示。

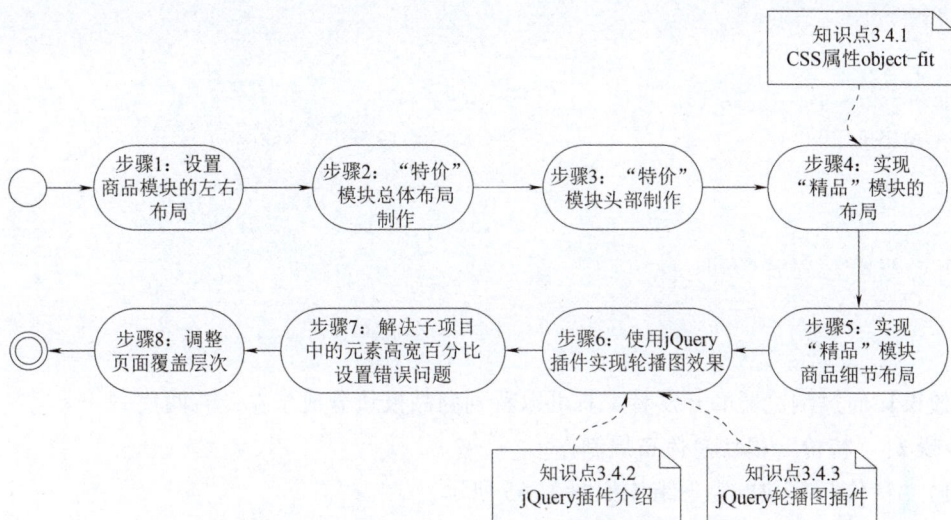

图 3-53　步骤与知识关联图

步骤 1：设置商品模块的左右布局。

商品模块的结构比较复杂，先编写商品模块总结构，再实现左右布局，如图 3-54 所示。

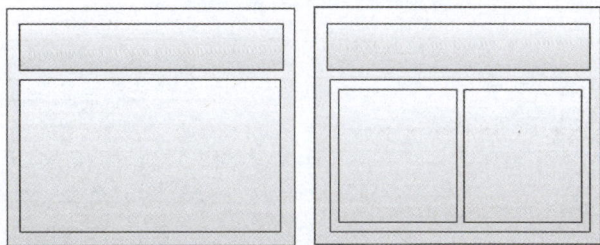

图 3-54　商品模块左右布局线框图

（1）编写商品模块总结构，将其分成"特价"模块和"精品"模块。

```
<div class="hot-sales">
    <div class="on-sale"></div>
    <div class="high-quality"></div>
</div>
```

（2）为商品模块设置尺寸，使用弹性布局将其分成左、右两块。

```
.hot-sales {
    display:flex;
```

```
    margin:10 px 0;
    padding:0 8 px;
height:148 px;
}


.hot-sales .on-sale {
    flex:1
}


.hot-sales .high-quality {
    flex:1;
}
```

【效果】通过浏览器的开发者工具可以看到商品模块分成了左、右两块。

步骤 2: "特价"模块总体布局制作。

（1）"特价"模块的上下结构如图 3-55 所示。

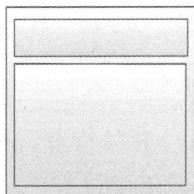

图 3-55 "特价"模块线框图

```
<div class = "on-sale">
    <a class = "header" href = "#">
    </a>
    <div class = "slider"></div>
</div>
```

（2）使用弹性布局使超链接 a 的高度占 20 px，剩下的分配给 .slider。

```
.hot-sales .on-sale {
    display:flex;
    flex-direction:column;
}


.hot-sales .on-sale .header {
    height:20 px;
```

```
}

.hot-sales .on-sale .slider {
    flex:1;
}
```

步骤 3："特价"模块头部制作。

"特价"模块头部结构如图 3-56 所示。

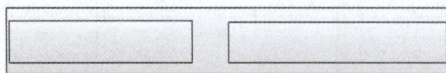

图 3-56 "特价"模块头部线框图

（1）制作网页结构。

```
<a class="header" href="#">
        <img src="./images/onsale.png" alt="" />
        <span>特价好货直播中</span>
</a>
```

（2）实现头部超链接内部的横向弹性布局。

```
.hot-sales .on-sale .header {
    height:20 px;
    display:flex;
    justify-content:space between;
}

.hot-sales .on-sale .header>img {
    height:100% ;
}

.hot-sales .on-sale .header>span {
    background-color:#ffebe3;
    overflow-x:hidden;
}
```

效果如图 3-57 所示。

特价·直播   特价好货直播中

图 3-57 "特价"模块头部效果

步骤 4：实现"精品"模块布局。

"精品"模块的上下布局（图 3-58）可以重用代码。这里为了让读者看得清楚而没有重用代码，读者可以自行合并。

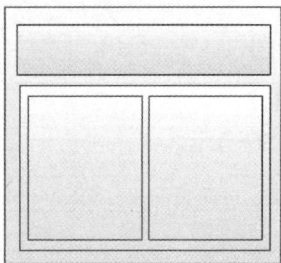

图 3-58 "精品"模块线框图

（1）"精品"模块的网页结构。

```html
<div class="high-quality">
    <a href="#" class="header">
        <img src="./images/good.png" alt="" />
        <span>权威排行榜</span>
    </a>
    <div class="goods">
        <div class="left"></div>
        <div class="right"></div>
    </div>
</div>
```

（2）"精品"模块的 CSS 代码。

```css
/*"精品"模块上下布局，与前面类似 */
.hot-sales .high-quality {
    padding:5 px;
    background-color:#fff;
    border-radius:10 px;
    display:flex;
    flex-direction:column;
}
.hot-sales .high-quality .goods {
    flex:1;
}
/*"精品"模块头部布局，与前面类似 */
.hot-sales .high-quality .header {
    height:20 px;
```

```
    display:flex;
    justify-content:space-between;
}
.hot-sales .high-quality .header>img {
    height:100% ;
}
.hot-sales .high-quality .header>span {
    background-color:#fdefd2;
    overflow-x:hidden;
}
/*"精品"模块下面左右布局 */
.hot-sales .high-quality .goods {
    display:flex;
}


.hot-sales .high-quality .goods .left,
.hot-sales .high-quality .goods .right {
    flex:1;
}
```

效果如图 3-59 所示。

步骤 5：实现"精品"模块商品细节布局。

图 3-60 所示为"精品"模块商品细节的布局。

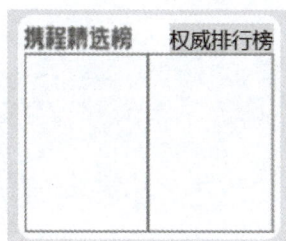

图 3-59 "精品"模块布局效果

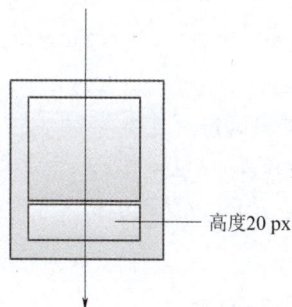

图 3-60 "精品"模块商品细节的布局

（1）制作 HTML 结构。上面的两个灰色边框表示左、右两个模块，每个模块包含一个盒子（里面放图片）和一个固定高度的 span。

```
<div class="goods">
    <div class="left">
        <div class="top"><img src="./upload/left.jpg" alt="" /></div>
        <span>上海十大 ...</span>
```

```
    </div>
    <div class="right">
        <div class="top"><img src="./upload/right.jpg" alt="" /></div>
        <span>上海十大 ...</span>
    </div>
</div>
```

（2）进行弹性布局，主轴为 y 轴，下部固定高度是 20 px，上部占剩余空间。

```css
/*精品推荐下部左右商品 */
.hot-sales .high-quality .goods .left,
.hot-sales .high-quality .goods .right {
    display:flex;
    flex-direction:column;
}


.hot-sales .high-quality .goods span {
    height:20 px;
}


.hot-sales .high-quality .goods .top {
    flex:1;
}
```

（3）设置图片和其父元素一样大，但是不变形，覆盖父元素的所有区域。

```css
/*设置图像和容器一样大小,但是不能变形*/
.hot-sales .high-quality .goods .top>img {
    width:100%;
    height:100%;
    object-fit:cover;
}
```

效果如图 3-61 所示。

图 3-61 "精品" 模块商品细节布局效果

步骤 6：使用 jQuery 插件实现轮播图效果。

（1）将 CSS 文件、图片文件、JS 文件复制到项目中，项目目录结构如图 3-62 所示。

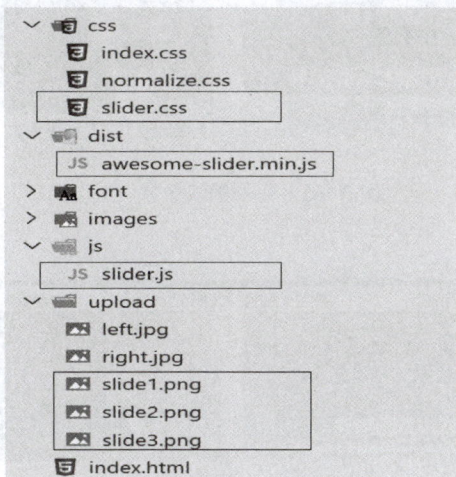

图 3-62 项目目录结构

（2）修改"index. html"文件。

导入轮播图 CSS 文件。

```
<! --轮播图 CSS 文件导入 -->
<link rel="stylesheet" href="css/slider.css" />
```

导入 JS 文件，在 body 元素的最后添加以下代码。

```
<scriptsrc="./dist/awesome-slider.min.js"></script>
<script src="./js/slider.js"></script>
```

在 HTML 中前面存放轮播图的模块中添加轮播图容器#root。

```
<div class="on-sale">
    <a class="header" href="#">
        <img src="./images/onsale.png" alt="" />
        <span>特价好货直播中</span>
    </a>
    <div class="slider">
        <div id="root"></div>
    </div>
</div>
```

效果如图 3-63 所示。

但是，当改变浏览器窗口宽度时，出现了图 3-64 所示的效果。

图 3-63　商品模块效果（1）

图 3-64　商品模块效果（2）

可以看到轮播图比它们的父元素长，部分内容移到下方。这是为什么呢？经过比较发现，轮播图容器#root 的高宽百分比和右边两张图片的高宽百分比出现了问题。

步骤 7：解决子项目中的元素高宽百分比设置错误问题。

以上问题可以通过一个例子来演示。想要做一个纵向的盒子，其中有一个高度确定的盒子，还有一个高度设置为 flex：1，也就是占满剩余空间的盒子 p。盒子 p 中有一张图片，理所当然地将该图片的高宽设置成 100%，希望它和盒子 p 一样大。

整个页面的效果在有图片之前都是正常的，如图 3-65 所示。

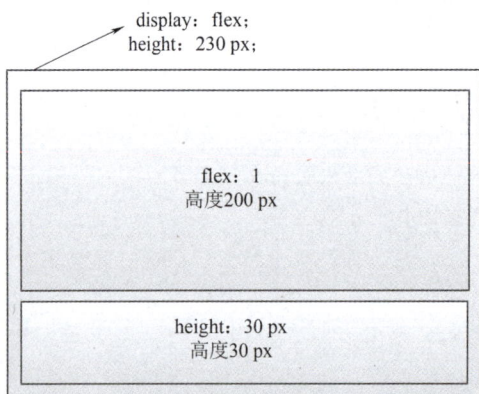

图 3-65　例子的线框图

但是，加入图片，并且设置图片高宽为 100% 后，发现图片的宽度和父盒子一样，但是高度却大于 200 px，保持了原来的比例，也就是高度百分比没有起作用，相当于没有设置。这是因为一个子元素的高度是 100% 时，它的父元素必须有一个确定的高度，而不能是由

flex:1 决定的高度。

```
<style>
    * {
    margin:0;
    padding:0;
}

div {
    width:300 px;
    height:230 px;
    display:flex;
    flex-direction:column;
}

div>h2 {
    height:30 px;
}

div>p {
    flex:1;
}

    div>p>img {
        height:100% ;
        width:100% ;
        object-fit:cover;
    }
</style>
</head>
<body>
<div>
    <p>
        <img src="./images/child.jpg" alt="" />
    </p>
    <h2></h2>
</div>
```

这个问题的解决方法是使用绝对定位，也就是将该图片改成绝对定位。

```
div>p {
```

```
    flex:1;
    position:relative;
}


div>p>img {
    position:absolute;
    height:100%;
    width:100%;
    object-fit:cover;
}
```

步骤 5 中出现的问题正需要用这个方法来解决。

（1）先解决右边两张图片高度的问题。为图片的父元素增加相对定位，即为图片添加绝对定位属性。

```
.hot-sales .high-quality .goods .top {
    ...
    position:relative;
}


.hot-sales .high-quality .goods .top>img {
    position:absolute;
    ...
}
```

（2）为轮播图容器#root 和它的父元素增加定位代码。

```
.hot-sales .on-sale .slider {
    ...
    position:relative;
}


.hot-sales .on-sale .slider #root {
    position:absolute;
    width:100%;
    height:100%;
    ...
}
```

（3）修改 JS 代码。

之前的图片比例不是动态的，而是由图片的尺寸决定的，而这里轮播图的大小是确定的，随着浏览器窗口的变化，会不等于图片的高宽比，因此用 JS 代码实现动态比例。

通过 JS 代码获取轮播图容器#root 的高宽比并将其设置成参数 ratio。

```
var width=document.querySelector("#root").offsetWidth;
var height=document.querySelector("#root").offsetHeight;
var awesomeSlider=new AwesomeSlider(images,container,{
        //是否自动播放
    autoplay:true,
//设置图片比例
    ratio:width /height
});
```

至此，商品模块才能适应不同的浏览器窗口宽度。

步骤 8：调整页面覆盖层次。

在滚动页面的过程中，发现搜索栏一直在页面最上层，可是滚动到商品模块时，发现轮播图和其他图片移动到搜索栏的上方，效果出错。

这种问题在制作网页的过程中很常见，这其实是固定定位、相对定位、绝对定位的高低调整问题。该问题在项目 2 中已介绍过。解决该问题时应遵循以下原则。

（1）3 种定位方式的等级一样，先出现的在下，后出现的在上。

（2）子元素永远比父元素的等级高。

（3）父元素低，它的子元素也低；反之，父元素高，它的子元素也高。

商品模块之所以覆盖搜索栏，原因是第一条原则。在步骤 6 中，使用了相对定位的元素作父元素，来绝对定位子元素。这些相对定位的元素因为在固定定位的搜索栏后面出现，所以比搜索栏高。要解决这个问题，需要为它们添加 z-index，让固定的搜索栏的 z-index 的值大于相对定位元素的 z-index 的值。

为搜索栏添加：

```
z-index:2;
```

为商品模块中的两个相对定位元素添加：

```
z-index:1;
```

【评估总结】

进行任务实施评估，完成表 3-26。

表 3-26　任务实施评估　　　　　　　　　　　　　任务 3.4　习题

观察项	评价
是否完成小组任务分配	
网页结构是否合理	
页面外观是否和效果图一致	

续表

观察项	评价
设计文档是否合理	
当浏览器窗口缩放时，页面效果是否正常	
左边广告是否一直轮播	
右边图片显示是否保持正常	

回顾本任务所学知识，完成表 3-27。

表 3-27　知识回顾

观察项	回答
图片不适应父元素的尺寸时，可以使用什么属性来调整？	
盒子中子项目的尺寸如果是弹性的，那么它的子元素使用 100% 高宽时会出现问题。本任务是如何解决这个问题的？	
jQuery 插件库中的插件的使用是否很简单？在什么情况下可以考虑使用 jQuery 插件库？	

任务 3.5　子导航模块制作

【任务发布】

首页的子导航模块外观如图 3-66 所示，其包含服务类型的具体链接。本任务实现该模块。

图 3-66　首页的子导航模块外观

【资讯收集】

收集相关资讯，完成表 3-28。

表 3-28　资讯收集

观察项	结论
观察携程网子导航模块的 HTML 代码，观察它是如何进行导航划分的	
观察京东网子导航模块的 HTML 代码，观察它是如何进行导航划分的	

【任务分析】

图 3-67 所示为子导航模块的线框图。

图 3-67　子导航模块线框图

进行任务分析，完成表 3-29。

表 3-29　任务分析

观察项	结论
之前学习弹性布局时，只在主轴上布局一行，是否需要把"向导/包车""邮轮游""旅拍·跟拍"所在列合并成一行？也就是先将子导航模块分成 5 个大列，再将每列细分成 5 个小导航模块	
"向导/包车""邮轮游""旅拍·跟拍"在语义上有关系吗？将它们放在一个列元素中是否合适？	
之前弹性盒子的应用都是针对单行、单列的。弹性盒子是否可进行多行布局？	

【初步思路】

小组进行讨论：根据经验，应该如何分步骤完成任务？将初步思路填入表 3-30。

表 3-30　初步思路

开发流程	待解决问题

素质小站：工作方式规范化

在工作过程中，需要注重自身工程能力的培养，不仅要将工作任务完成，更要遵守工作规范。例如进行软件开发，需要做"需求分析"和"软件设计"，这些工作有助于团队内部更好地交流工作情况。在制作工作文档时，要注意用词简洁、规范，合理运用图表。

应该避免"嫌麻烦"的情绪，要将"规范化"作为学习工作的重要内容，为将来做一个合格的程序员做好准备。

【知识储备】

任务 3.5　知识储备

知识点 3.5.1　设置弹性盒子换行布局 flex-wrap

之前任务中的弹性盒子都是单行布局，并没有特别设置，这就是因为容器的 flex-wrap 属性的默认值是 nowrap（不换行）。该属性只有两个属性，比较简单，其取值见表 3-31。

表 3-31　flex-wrap 的取值

flex-wrap 的取值	解释
nowrap（默认值）	不换行
wrap	换行

案例 3.6　实现弹性盒子的多行布局（1）。

有一个 400 px×200 px 的盒子，其中有 4 个子盒子，使 4 个子盒子呈两行两列分布。

```
<style>
    * {
        box-sizing:border-box;
```

```
        }

    .container {
        width:400 px;
        height:200 px;
        display:flex;
        flex-wrap:wrap;
        border:1 px solid red;
    }

    .item {
        width:50% ;
        border:1 px solid black;
    }
</style>

<div class = "container">
    <div class = "item"></div>
    <div class = "item"></div>
    <div class = "item"></div>
    <div class = "item"></div>
</div>
```

效果如图 3-68 所示。

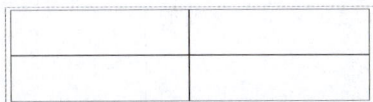

图 3-68　案例 3.6 运行效果（1）

因为每个元素的宽度是父元素的一半，所以 4 个元素被分在了两行，而且父元素的高度被平均分配给两行。如果子元素有自己的高度又会如何？

为子元素添加高度的设置 "height:50 px;"，效果如图 3-69 所示。

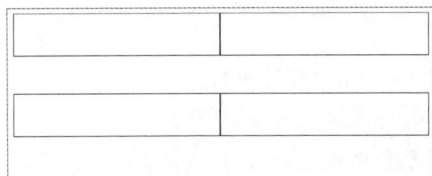

图 3-69　案例 3.6 运行效果（2）

知识点 3.5.2 侧轴上多行布局方式 align-content

为弹性盒子进行多行布局时可以通过设置 align-content 属性调整子元素在侧轴上的分布方式。align-content 的取值见表 3-32。

表 3-32 align-content 的取值

align-content 的取值	解释	图示（以 x 轴为主轴，以 y 轴为侧轴）
stretch	子元素平分父元素侧轴	
flex-start	子元素从父元素侧轴的开始进行分布	
flex-end	子元素从父元素侧轴的尾部进行分布	
center	子元素布局在父元素侧轴的中间	
space-around	子元素在父元素侧轴平均分配剩余空间	
space-between	子元素先在父元素侧轴两端分布，再平均分配剩余空间（图示中将子元素增加为 6 个）	

案例 3.7 实现弹性盒子的多行布局（2）。

如图 3-70 所示，容器的尺寸是 100 px×80 px，子元素的间隔都是 10 px。

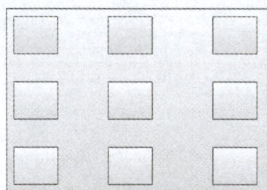

图 3-70 案例 3.7 线框图

（1）弹性容器的主轴是 x 轴 "flex-direction:row;"，可以不写，是默认值。

（2）子元素是换行分布的（flex-wrap:wrap;）。

（3）子元素的尺寸可以使用 calc（ ）函数计算（注意运算符号左、右两边各有一个空格）。

（4）子元素在 x 轴分布 justify-content 的值是 space-between（先分布在两端，剩余空间分配给其余子元素）。

（5）子元素在侧轴（y 轴）分布 align-content 的值也是 space-between。

代码如下。

```
<style>
    * {
        box-sizing:border-box;
    }

    div {
        width:100 px;
        height:80 px;
        background-color:#ccc;
        display:flex;
        flex-direction:row;
        flex-wrap:wrap;
        justify-content:space-between;
        align-content:space-between;
    }

    span {
        background-color:blueviolet;
        width:calc((100% -20 px)/3);
        height:calc((100% -20 px)/3);
```

```
    }
</style>
<div>
    <span></span>
    <span></span>
    <span></span>
    <span></span>
    <span></span>
    <span></span>
    <span></span>
    <span></span>
</div>
```

效果如图 3-71 所示。

图 3-71　案例 3.7 运行效果

【任务实施】

步骤与知识关联图如图 3-72 所示。

任务 3.5　任务实施

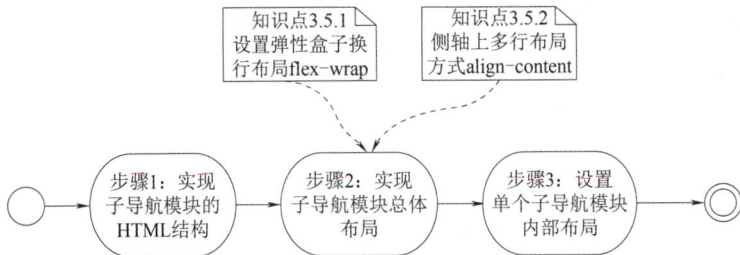

图 3-72　步骤与知识关联图

步骤 1：实现子导航的模块 HTML 结构。

因为每个子导航模块都是并列的关系，所以这里考虑使用无序列表 ul。每个子导航模块内部都是一张图片和一个短语。

```
<nav class="nav-2">
    <ul>
        <li>
```

```
            <a href = "#">
                <img src = "./images/nav/hpgs_guide.png" alt ="" />
                <span>向导</span>
            </a>
        </li>
        <li>
            <a href = "#">
                <img src = "./images/nav/hpgs_guide.png" alt ="" />
                <span>向导</span>
            </a>
        </li>
        ...(一共 25 个 li)
    </ul>
</nav>
```

步骤 2：实现子导航模块总体布局。

设 ul 为弹性盒子，可以换行，每个 li 的宽度都是 20%，高度确定是 58 px，可以得到 5 行 5 列的布局。

```
.nav-2 {
    padding:6 px 12 px 6 px;
    background-color:#fff;
}


.nav-2 ul {
    width:100% ;
    display:flex;
    flex-wrap:wrap;
}

.nav-2 ul>li {
    width:20% ;
    height:58 px;
}

.nav-2 ul>li a img {
    width:28 px;
    height:28 px;
}
```

效果如图 3-73 所示。

图 3-73　子导航模块运行中间结果

步骤 3：设置单个子导航模块内部布局。

设置 a 为弹性盒子，主轴居中对齐，侧轴也居中对齐，如图 3-74 所示。

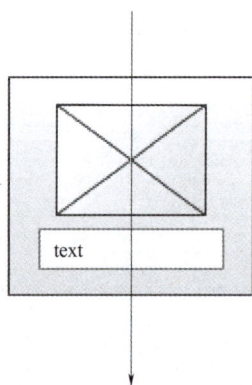

图 3-74　子导航模块中的超链接线框图

```
.nav-2ul>li a {
    display:flex;
    flex-direction:column;
    justify-content:center;
    align-items:center;
}


.nav-2 ul>li a img {
    width:28 px;
    height:28 px;
}
```

```
.nav-2 ul>li a span {
    line-height:1.5em;
    height:1.5em;
    font-size:12 px;
    text-align:center;
}
```

【评估总结】

进行任务实施评估，完成表 3-33。

表 3-33　任务实施评估

观察项	评价
是否完成小组任务分配	
网页结构是否合理	
页面外观是否和效果图一致	
设计文档是否合理	
当浏览器窗口缩放时，页面效果是否正常	
子导航模块布局是否是弹性布局	

回顾本任务所学知识，完成表 3-34。

表 3-34　知识回顾

观察项	回答
弹性盒子不仅可以单行布局，还可以多行布局，那么它是通过哪个属性设置是否换行的？	
弹性盒子如果采用多行布局，则侧轴的对齐方式是 align-items 吗？为什么？	
弹性盒子子元素的分布，除了使用 flex：n 来自动分配，可以用百分比设置吗？例如一个弹性盒子，每行希望放 5 个子元素，则可以将子元素的宽度设置为什么？	

项目 4

仿京东商城移动端Web 开发（rem布局）

【项目介绍】

在项目 3 的仿携程网页面中，主要使用弹性布局，但会发现一个问题，即在浏览器窗口缩放时，页面元素的高度、文字大小并没有按比例缩放，如图 4-1 所示。

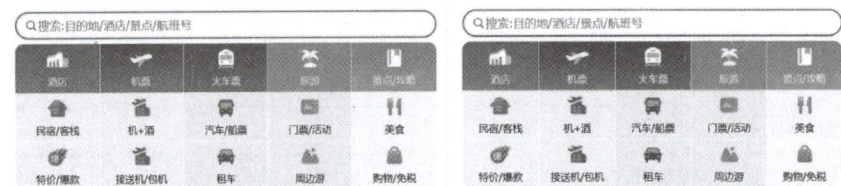

图 4-1　不同宽度的浏览器窗口中仿携程网页面局部外观

这是因为弹性布局不方便在高度和宽度上同时对元素进行控制。观察京东商城的移动端页面，如图 4-2 所示。

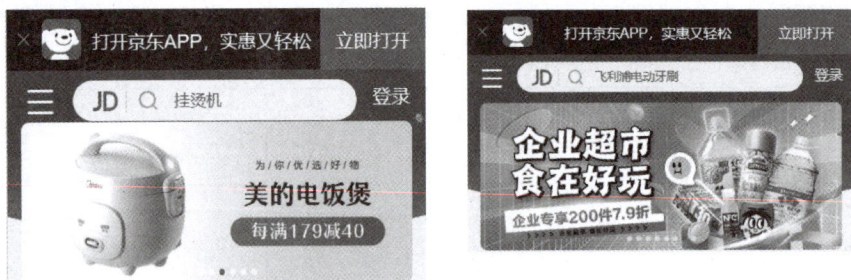

图 4-2　不同宽度的浏览器窗口中京东商城页面局部外观

可以发现，该页面随着浏览器窗口宽度、元素高度，以及文字大小变化。

本项目通过仿京东商城移动端 Web 开发，介绍 rem 布局方式。

【四维目标】

工程维度

（1）能用软件工程思想管理软件开发过程。

（2）能使用网页框图设计工具。

（3）能绘制流程图。

（4）能对代码进行规范与注释。

（5）能对软件开发过程进行文档总结和展示。

（6）具备资料整理、分类总结的能力。

（7）遵守软件开发的行业规范。

技能维度

（1）了解 rem 布局的原理。

（2）会使用媒体查询技术实现元素样式。

（3）会使用 LESS 语法。

（4）会使用 import 语法进行文件引入。

（5）会根据页面效果图进行 rem 单位换算。

（6）会用 jQuery 的节点操作方法和 CSS 方法实现页面效果。

（7）能利用页面触摸事件实现页面动态效果。

（8）会使用移动端适配库 flexible. js 实现 rem 布局。

知识维度

本项目的知识维度如图 4-3 所示。

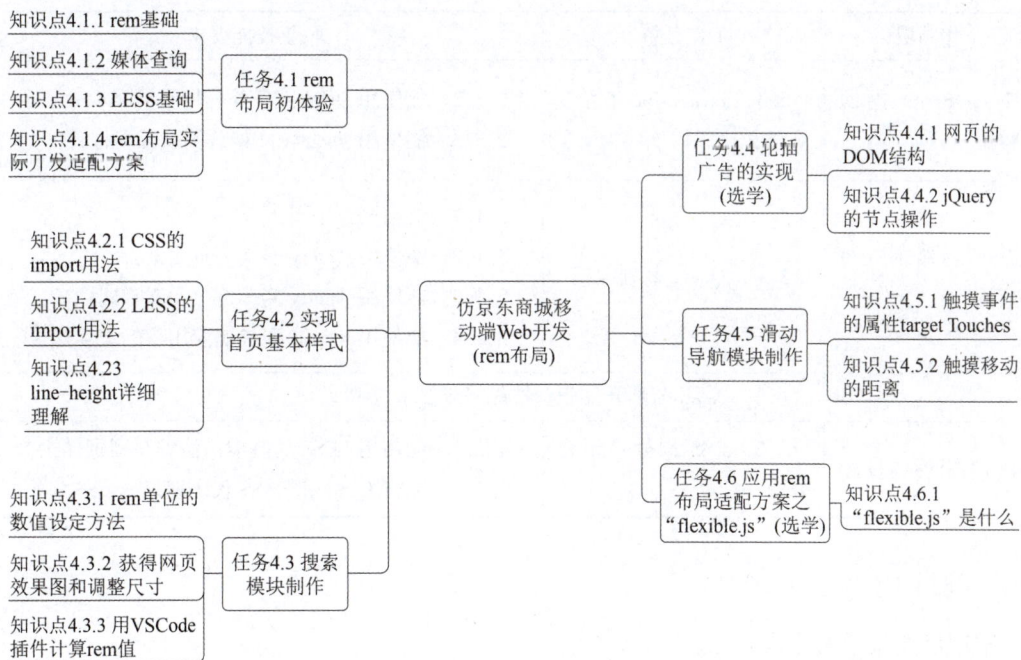

图 4-3　项目 4 的知识维度

素质维度

（1）工作时避免教条，学会因地制宜、量身定制。

（2）掌握模块化的工作方式。

（3）培养竞合共赢的精神。

（4）通过多角度解决问题，提高技能。

（5）了解"小信成则大信立"。

（6）培养共享精神。

【学习要求】

（1）课前了解"学习目标"，完成"任务发布""资讯收集"和"任务分析"部分的内容。

（2）课中带着问题跟随老师完成"知识储备"部分的学习。

（3）课中根据操作视频或自行完成"任务实施"的内容。

（4）课中以组内或组间或教师点评的形式完成"评估总结"的内容。

【所涉 1+X 证书考点】

Web 前端开发职业技能等级要求（初级/高级）见表 4-1。

表 4-1　Web 前端开发职业技能等级要求（初级）

工作领域	工作任务	职业技能要求
2. JavaScript 网页编程	2.3　JavaScript 交互效果开发	2.3.2　能使用 DOM 对象操作网页元素； 2.3.3　能使用 JavaScript 修改网页元素样式
3. 轻量级前端框架应用	3.1　jQuery 基础编程	3.1.1　能在网页中引入 jQuery； 3.1.2　能使用 jQuery 操作网页元素； 3.1.3　能使用 jQuery 修改网页元素样式； 3.1.4　能使用 jQuery 事件响应用户的交互操作
Web 前端开发职业技能等级要求（高级）		
1. 静态网站制作	1.2　CSS 预处理语言编程	1.2.1　能使用 LESS 的基本语法编写网页样式； 1.2.3　能将 LESS 和 SASS 代码编译成 CSS 代码

【建议学时】

本项目建议学时见表 4-2。

表 4-2　项目 4 建议学时

任务	学时
任务 4.1	1

任务	学时
任务 4.2	2
任务 4.3	2
任务 4.4	3
任务 4.5	4
任务 4.6	4

任务 4.1　rem 布局初体验

【任务发布】

回顾弹性布局方式，会发现在不同的浏览器窗口宽度下，元素宽度发生变化，但是高度没有变化，而且文字的大小也没有变化，如图 4-4 所示。

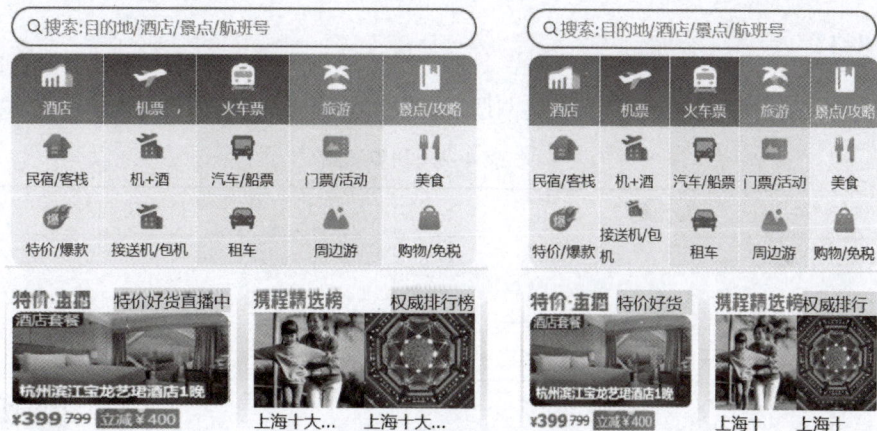

图 4-4　携程网首页拉伸对比示意

是否可以整个页面的高度和宽度，还有文字、图片都自适应浏览器窗口呢？

本任务介绍 rem 布局的相关基础知识，为仿京东商城移动端 Web 开发做准备。

【资讯收集】

收集相关资讯，完成表 4-3。

表 4-3　资讯收集

观察项	结论
了解 CSS3 媒体查询技术的含义	

观察项	结论
观察京东商城移动端页面的图片、文字大小，当浏览器窗口宽度变小，它们是如何改变的？图片是否变形？	

【任务分析】

进行任务分析，完成表 4-4。

表 4-4　任务分析

观察项	结论
弹性布局相比流式布局的优势是什么？	
观察项目 3，当浏览器窗口缩放时模块的宽度和高度各有什么变化？文字有变化吗？	
请你了解下 rem 布局是什么？它的优势是什么？	

【初步思路】

小组进行讨论：根据经验，应该如何分步骤完成任务？将初步思路填入表 4-5。

表 4-5　初步思路

开发流程	待解决问题

【知识储备】

知识点 4.1.1　rem 基础

rem（root em）是一个相对单位，类似 em（em 是父元素文字大小）。不同的是，rem 的基准是相对于 html 元素的文字大小。

任务 4.1　知识储备

下面是一个 em 的例子。设 .father 和 .child 分别是父元素和子元素。那么子元素的文字大小其实是 $12×2=24$（px）。

```
.father{
  font-size:12 px;
}
.child{
  font-size:2em;
}
```

再看一个 rem 的例子，根元素（html）设置 font－size＝12 px，非根元素设置 width：2 rem，则换成 px 表示就是 24 px。

```
/* 根元素为 12 px */
html {
  font-size:12 px;
}
/* 此时盒子的文字大小就是 24 px */
div {
  font-size:2 rem;
}
```

rem 所对比的对象不再是父盒子的文字大小，而一直是 html 元素的大小。这样整个网页上所有使用 rem 为单位的数值都是相对于 html 元素的文字大小。

rem 的优势如下：父元素的文字大小可能不一致，但是整个页面只有一个 html 元素，因此参考值是唯一的，便于控制尺寸。

下面是一个使用 rem 控制页面尺寸的例子。

```
html {
  font-size:12 px;
}
div {
  height:2 rem;
  line-height:2 rem;
}
```

以上代码相当于"height:24 px;line-height:24 px;"。读者可能有这样的疑惑：有什么必要这样写？这样做的好处是什么？

原来只有当 html 元素的字体大小是 12 px 时，2 rem 才是 24 px。如果在小浏览器窗口中使用小的文字，在大浏览器窗口中使用大的文字，那么盒子的高度就可以随着浏览器窗口的变化而变化。但是，还有另一个问题：怎么才能让 html 元素的文字随着浏览器窗口的变大而变大呢（图 4-5）？如果解决了这个问题，就能够使元素的高/宽适配浏览器窗口。

图 4-5　浏览器窗口变化引起页面中图片和文字同时变化

知识点 4.1.2　媒体查询

1. 什么是媒体查询

媒体查询（Media Query）是 CSS3 新语法。

媒体查询技术就是根据浏览器窗口尺寸设置不同的样式，目的是让网页更加适应浏览器窗口尺寸，看上去更加合理美观。目前很多设备都使用多媒体查询技术。

2. 媒体查询语法格式

查询媒体窗口尺寸的语法格式如下。

```
@ media media  screen and  (media feature){
   CSS-Code;
}
```

media feature 为媒体特征，开发中的媒体特征有两个：min-width 和 max-width。

案例 4.1

现在有一个适配浏览器窗口的 Web 前端开发需求，效果如图 4-6 所示。

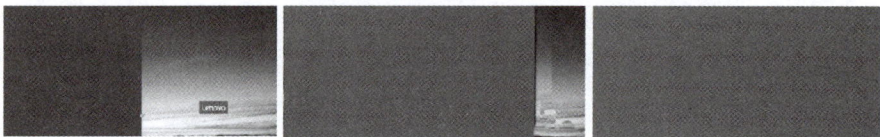

图 4-6　案例 4.1 运行效果

（1）当浏览器窗口<540 px 时，浏览器窗口背景颜色是蓝色。

（2）当浏览器窗口≥540 px，并且<970 px 时，浏览器窗口背景颜色是绿色。

（3）当浏览器窗口≥970 px 时，浏览器窗口背景颜色是红色。

```
/*媒体查询一般按照从小到大的顺序进行,这样代码更简洁 */
/* 1.浏览器窗口小于 540 px 时,背景颜色是蓝色 */
@ media screen and(max-width:539 px){
    body {
        background-color:blue;
    }
}
/* 2.浏览器窗口为 540~970 px 时,背景颜色为绿色 */
@ media screen and(min-width:540 px){
    body {
        background-color:green;
    }
}
/* 3.浏览器窗口大于等于 970 px 时,背景颜色为红色 */
```

```
@media screen and(min-width:970 px){
    body{
        background-color:red;
    }
}
```

【注意】

（1）screen 和 and 不能省略。

（2）and 和"（"之间必须有空格。

（3）数字后面必须跟单位 px，px 不能省略。

（4）建议按照从小到大的顺序书写，这样条理清晰，代码简洁。

回到刚才的问题，能否让网页根元素 html 的文字大小随浏览器窗口大小的变化而变化？当然可以，只要把代码中的 body 改为 html，color 属性改为 font-size 即可。

综上所述，如果要制作高度和宽度、文字大小等都能适配浏览器窗口的页面，可以使用媒体查询技术和 rem 单位。

（1）通过媒体查询技术使根元素 html 的文字大小适配浏览器窗口。

（2）通过使用 rem 单位使网页元素的尺寸适配浏览器窗口。

在媒体查询技术中，浏览器渲染引擎设置元素尺寸的流程如图 4-7 所示。

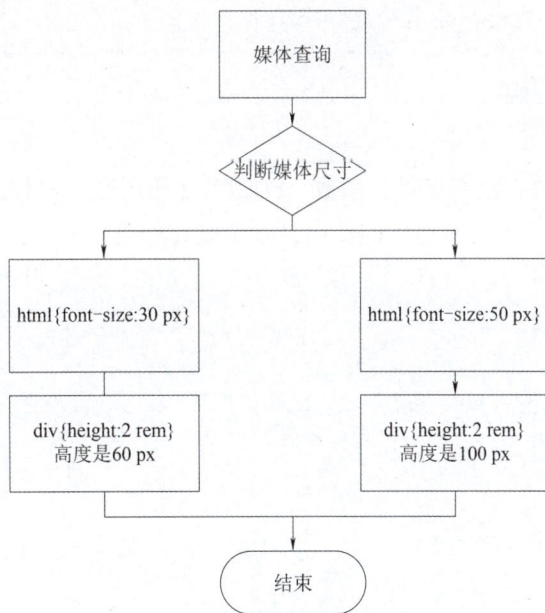

图 4-7　浏览器渲染引擎设置元素尺寸的流程

素质小站：因地制宜、量身定制

《吴越春秋·阖闾内传》："夫筑城廓；立仓库；因地制宜。"

一次，吴王阖闾向伍子胥请教治国安民的大计，伍子胥说："要想使国家富强，人民安定，首先要高筑城墙，这样才能加强防御力量，使其他国家不敢进犯。还要加强军事力量，充实武器及物资的储备，这样就能够对别的国家形成威慑。同时要发展农业，只有农业发展了，国家才能富强，百姓才能安居乐业，将士们才有充足的给养，而且要充实粮仓，以备战时之需。这样国家才能安定，才有可能发展。"吴王阖闾听了高兴地说："你说得很对！但是修筑城墙，充实武库，发展农业，都应因地制宜，不利用自然条件是办不好的，应当制定合适的方案。你能不能对应天象，设计一个能够震慑邻国的规划呢？"伍子胥说："当然可以。"

伍子胥巧妙地利用吴国的地形，建立起一座依山傍水的城郭，城中有多个城门，且其中三个城门筑有城楼。大城中还有东、西两座小城，西城为吴王阖闾的王宫所在地，东城则是驻扎军队、存放军备的地方。之后，吴王阖闾还在伍子胥的建议下在城中设置守备、积聚粮食、充实兵库，为称霸诸侯做准备。

这种"因地制宜"的措施果然很快使吴国强盛起来。

在 CSS 美化中，针对一个元素的美化方案是唯一的，而针对移动端浏览器窗口宽度不一致的情况，人们提出了媒体查询的概念。有了媒体查询技术，就可以为元素量身定制最合适的美化方案。

在工作中，遇到不同的问题时要思考如何给出更合适的解决方案，而不是用同一个方案套用。这样才能使业务水平更加全面和扎实。

知识点 4.1.3 LESS 基础

1. CSS 弊端

CSS 是非程序式语言，没有变量、函数、SCOPE（作用域）等概念。CSS 的缺点如下。

（1）需要书写大量看似没有逻辑的代码，冗余度比较高。例如：

```
.grandfather {
  border-color:red;
}

.grandfather .father {
  border-color:red;
}
.grandfather .father .child {
  border-color:red;
}
```

（2）不方便维护及扩展，不利于复用。

如果想把 .grandfather、.father、.child 的边框变成绿色，则要修改 3 处，而不能写为"color X = "green""，即通过一条语句修改颜色。

（3）没有很好的计算能力。

CSS3 虽然提供了 calc( ) 函数，但是需要考虑兼容性问题。例如：

```
html{
    font-size:12 px;
  }
  div{
    height:30 px;
  }
```

如果需要使用 rem 作为单位，则要计算 30/12 = 2.5，这里不能直接写成

```
height:30 /12 rem;
```

（4）非前端开发工程师往往因为缺少 CSS 代码编写经验而很难写出组织良好且易于维护的 CSS 代码。

例如，规范的 CSS 代码如下。

```
.navbar-default {
  background-color:#f8f8f8;
  border-color:#e7e7e7;
}
.navbar-default .navbar-brand {
  color:#777;
}
.navbar-default .navbar-brand:hover,
.navbar-default .navbar-brand:focus {
  color:#5e5e5e;
  background-color:transparent;
}
不规范的 CSS:
.mytest{
  color:green;
}
.myfather{
  color:yellow;
}
.mytest p{
  color:red;
}
```

2. LESS 介绍

LESS（Leaner Style Sheets 的缩写）是 CSS 预处理语言，它扩展了 CSS 的动态特性。

LESS 在 CSS 的语法基础上引入了变量、混合（Mixing）、运算以及函数等功能，大大简化了 CSS 代码的编写，并且降低了 CSS 代码的维护成本，LESS 可以用更少的代码做更多的事情。

LESS 中文网址为 "http://lesscss.cn/"。

3. LESS 安装

（1）安装 nodejs，可选择版本 8.0，网址为 "http://nodejs.cn/download/"。

（2）检查 nodejs 是否安装成功，使用 cmd 命令（在 Windows 10 中按 "Win+R" 组合键，打开 "运行" 对话框，输入 "cmd"）打开命令行窗口，输入 "node-v" 查看版本即可。

（3）基于 nodejs 在线安装 LESS，使用 cmd 命令打开命令行窗口，输入 "npm install-g less" 即可。

（4）检查 LESS 是否安装成功，使用 cmd 命令打开命令行窗口，输入 " lessc-v " 查看版本即可。

4. LESS 编译

可以使用 VSCode LESS 插件将 LESS 文件编译为 CSS 文件。插件安装完毕，重新加载 VSCode。只要保存 LESS 文件，就会自动生成 CSS 文件。

5. LESS 语法格式

1）LESS 变量

变量是指没有固定的值，可以改变的量。CSS 中的颜色和数值等经常使用变量。变量的语法格式如下。

```
@ 变量名:值;
```

注意：变量名不能包含特殊字符，不能以数字开头，对大小写敏感。例如：

```
@ color:pink;
```

2）LESS 嵌套

CSS 代码选择器不允许嵌套。CSS 代码示例如下。

```
#header .logo {
    width:300 px;
}
```

将上述 CSS 代码改为 LESS，代码如下。

```
#header {
        .logo {
            width:300 px;
        }
}
```

如果遇见（交集/伪类/伪元素选择器），利用 & 进行连接。

```
a:hover{
    color:red;
}
a{
  &:hover{
    color:red;
  }
}
```

3）混合

例如有一个 box2 的盒子，想使用 box1 盒子的样式，而又不想重新书写代码，则在 LESS 中可以这样做：

```
.box1 {
    width:100 px;
    height:100 px;
    background:'red';
    border:1 px solid #f2f2f2
}
    .box2{
    .box1;
margin:10 px;
}
```

4）LESS 运算

任何数字、颜色或者变量都可以参与运算。LESS 提供了加（+）、减（−）、乘（＊）、除（/）等算术运算。例如：

```
/* 在 LESS 中写 */
@ width:10 px + 5;
div {
    border:@ width solid red;
}
/* 生成的 CSS */
div {
    border:15 px solid red;
}
/* LESS 甚至可以这样 */
width:(@ width + 5) * 2;
```

LESS 运算规则如下。

（1）运算符中间左、右有空格。

（2）对于两个不同的单位的值的运算，运算结果的值取第一个值的单位。

（3）如果两个值中只有一个值有单位，则运算结果就取该单位 rem 适配方案。

知识点 4.1.4　rem 布局实际开发适配方案

目前最常见的浏览器窗口尺寸是 750 px，其次是 320 px。大部分设计稿中浏览器窗口宽度是 750 px。常见的设置根元素文字大小的方案如下。

（1）对于尺寸为 750 px 的浏览器窗口，把整个浏览器窗口划分为 15 等份，每一份的尺寸作为 html 元素的文字大小，即 50 px。

（2）对于尺寸为 320 px 的浏览器窗口，html 元素的文字大小为 320/15 = 21.33（px）。

（3）用设计稿元素的大小除以不同的 html 元素的文字大小作为 rem 值。

案例 4.2

标准设计稿元素的大小为 750 px，使用媒体查询技术设计一个 100 px×100 px 的页面元素。使其在 750 px 屏幕和 320 px 浏览器窗口中保持与屏幕的比例。

分析：在 750 px 浏览器窗口中，html 元素的文字大小是 750/15 = 50（px）。页面元素尺寸为 100 px×100 px，使用 rem 单位就是 2 rem×2 rem。

在 320 px 浏览器窗口中，html 元素的文字大小为 320/15 = 21.33（px），则 2 rem = 42.66 px，此时宽度和高度都是 42.66 px。

代码如下。

```
@ media screen and(min-width:320 px){
    html {
        font-size:21.33 px;
    }
}
@ media screen and(min-width:750 px){
    html {
        font-size:50 px;
    }
}
div {
    width:2 rem;
    height:2 rem;
    background-color:pink;
}
```

效果如图 4-8 所示。当浏览器窗口尺寸≥750 px 时，盒子大小是 100 px×100 px，当浏览器窗口尺寸是 320 px 时，盒子大小是 42.66 px×42.66 px。

页面元素数值的计算式（划分的份数默认是 15）如下。

（1）html 元素的 font-size 值=浏览器窗口宽度/划分的份数。

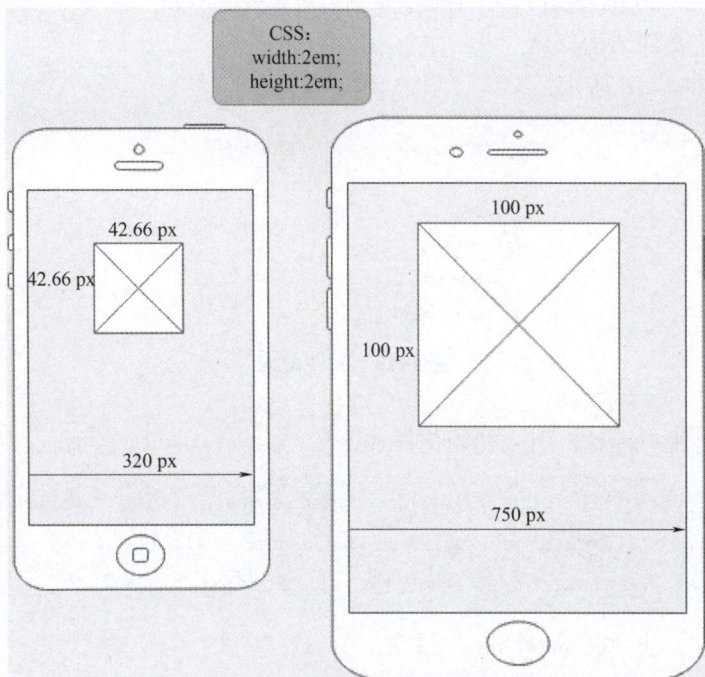

图 4-8　案例 4.2 运行效果

（2）页面元素的 rem 值 = 页面元素尺寸（px）/html 的 font-size 的值。

（3）页面元素的 rem 值 = 页面元素尺寸（px）/（浏览器窗口宽度/划分的份数）。

【任务实施】

步骤与知识关联图如图 4-9 所示。

任务 4.1　任务实施

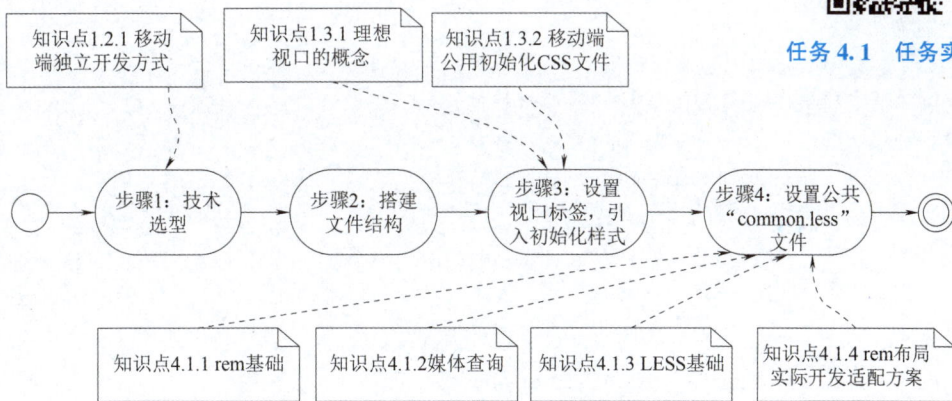

图 4-9　步骤与知识关联图

步骤 1：技术选型。

方案：采取移动端独立开发方式。

技术：采取 rem 布局（LESS+rem+媒体查询）。

设计图：采用 750 px 设计尺寸（提供素材）。

步骤 2：搭建文件结构。

文件结构如图 4-10 所示。

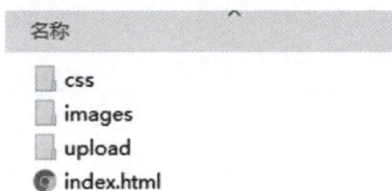

图 4-10　文件结构

步骤 3：设置视口标签，引入初始化样式。

```
<meta name="viewport" content="width=device-width,user-scalable=no,
initial-scale=1.0,maximum-scale=1.0,minimum-scale=1.0">
<link rel="stylesheet" href="css/normalize.css">
```

步骤 4：设置公共"common. less"文件。

（1）新建"common. less"文件，设置最常见的浏览器窗口尺寸，利用媒体查询设置不同的 html 元素的文字大小，因为除了首页其他页面也需要。

（2）关心的尺寸有 320 px、360 px、375 px、384 px、400 px、414 px、424 px、480 px、540 px、720 px、750 px，划分的份数定为 15 等份。

（3）默认 html 元素的文字大小为 50 px，注意将该语句写在最上面。

```
//设置常见的浏览器窗口尺寸,修改其中的 html 元素的文字大小
//定义的划分份数为 15
@ no:15;
//320
@ media screen and(min-width:320 px){
html {
        font-size:(320 px /@ no);
        background-color:red;
    }
}
//360
@ media screen and(min-width:360 px){
    html {
        font-size:(360 px /@ no);
    }
}
//375 iphone 678
```

```
@ media screen and(min-width:375 px){
    html {
        font-size:(375 px /@ no);
    }
}


//384
@ media screen and(min-width:384 px){
    html {
        font-size:(384 px /@ no);
    }
}


//400
@ media screen and(min-width:400 px){
    html {
        font-size:(400 px /@ no);
    }
}
//414
@ media screen and(min-width:414 px){
    html {
        font-size:(414 px /@ no);
    }
}
//424
@ media screen and(min-width:424 px){
    html {
        font-size:(424 px /@ no);
    }
}


//480
@ media screen and(min-width:480 px){
    html {
        font-size:(480 px /@ no);
    }
}
```

```
//540
@ media screen and(min-width:540 px){
    html {
        font-size:(540 px /@ no);
    }
}
//720
@ media screen and(min-width:720 px){
    html {
        font-size:(720 px /@ no);
    }
}

//750
@ media screen and(min-width:750 px){
    html {
        font-size:(750 px /@ no);
    }
}
```

保存完毕，VSCode LESS 插件会把它变换成 .CSS 文件。在首页 HTML 文件中导入该 "common. css" 文件。

```
<linkrel="stylesheet" href="./css/common.css" />
```

结果如图 4-11 所示，在不同宽度的浏览器窗口中，文字大小是不同的。

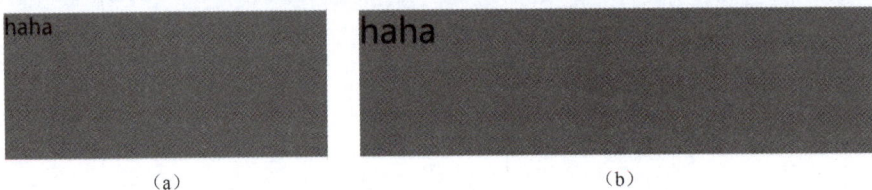

（a）   （b）

图 4-11　页面在不同浏览器窗口中的外观

（a）320 px 的浏览器窗口；（b）750 px 的浏览器窗口

【评估总结】

进行任务实施评估，完成表 4-6。

任务 4.1　习题

表 4-6　任务实施评估

观察项	评价
是否完成小组任务分配	

观察项	评价
网页结构是否合理	
页面外观是否和效果图一致	
设计文档是否合理	
当浏览器窗口缩放时，页面效果是否正常	
导航模块是否采用 rem 布局	

回顾本任务所学知识，完成表 4-7。

表 4-7　知识回顾

观察项	回答
rem 布局可以相比百分比布局和弹性布局，有哪些特点是独有的？	
rem 布局的原理是什么？	
使用 Less 编写样式表，比使用 CSS 简便，它有哪些功能？	
在 VSCode 上使用 Less 需要哪两个步骤？	

任务 4.2　实现首页基本样式

【任务发布】

将页面设置成 rem 布局方式，页面中的文字随着浏览器窗口的缩放而缩放。

【资讯收集】

收集相关资讯，完成表 4-8。

表 4-8　资讯收集

观察点	结论
谈一谈 rem 布局与其他布局方式相比有什么不同点	
收集知名网站页面 rem 布局的例子	

【任务分析】

进行任务分析，完成表 4-9。

表 4-9　任务分析

观察项	结论
页面中的文字如何随着浏览器窗口的变化而变化？利用已知的 rem 基础知识说一说	
在 HTML 文件中可以引入 CSS 文件，其实在 CSS 文件中也可以引入另一个 CSS 文件，请查一查如何实现	

【初步思路】

小组进行讨论：根据经验，应该如何分步骤完成任务？将初步思路填入表 4-10。

表 4-10　初步思路

开发流程	待解决问题

【知识储备】

知识点 4.2.1　CSS 的 import 用法

（1）在 HTML 文件中引入 CSS 文件。

任务 4.2　知识储备

除了 link 写法，还可以使用 @import 写法，下面是两种 @import 写法。

```
    <style>
/* 第一种写法 */
    @import url(1.css);
/* 第二种写法 */
    @import '1.css';
    </style>
```

（2）在 CSS 文件中可以通过 import 方法引入其他 CSS 文件。

```
/* 第一种写法 */
  @import url(2.css);
/* 第二种写法 */
  @import "2.css";
```

如果在 HTML 文件中导入该 CSS 文件，则它会获得该 CSS 文件和 "2.css" 文件的所有样式。

知识点 4.2.2　LESS 的 import 用法

在 LESS 文件中也可以引入其他 LESS 文件。

```
//第一种写法
@ import url(common.less);
//第二种写法
@ import "common.less";
//第三种写法
@ import "common";
```

观察图 4-12，在"index.less"中通过 import 语句引入"common.less"之后，"index.less"被编译成"index.css"，其中的代码是"index.less"和"common.less"的合集，最终在"index.html"中引入"index.css"。这样做的好处是可以将 LESS 文件的内容进行分割、复用。

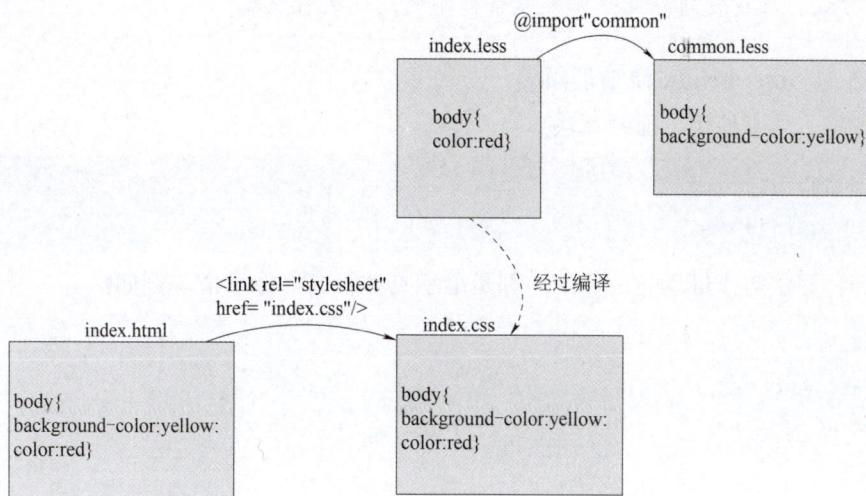

图4-12　在 LESS 文件中引入其他 LESS 文件示意

素质小站：模块化工作方式

在实际项目中，需要将 CSS 代码根据内容进行分割（例如基础 CSS 代码每个模块的 CSS 代码），然后通过"引入"的方式实现组合。

在学习、工作时也要善于将自己的工作根据内容进行分割、分配，这样可以由不同的人员在不同的时间段完成，最终进行整合。这要求提高自己的计划能力、合作能力、实施能力。

阿里巴巴上海总部（图4-13）位于徐汇滨江核心地段，总建筑面积为 7.5 万平方米，打造了一个强调灵活性、注重员工健康和绿色生态的办公环境。根据项目设计方英国建筑设计所 Foster + Partners 公布的资料，这座总部大楼采用模块化的方式，以减少浪费、控制质量、高效施工。

图 4-13　阿里巴巴上海总部

除了模块化建筑技术外，该总部大楼还通过优化建筑的自遮阳效应、充分利用自然采光、实现自然通风和新鲜空气循环、在屋顶花园应用"海绵城市"设计策略等一系列方式，减少建筑在亚热带气候条件下的总体运营能耗。

知识点 4.2.3　line-height 详细理解

关于行高，通常使用下面的写法。

```
line-height:1.5em;
line-height:30 px;
```

以上两种写法对于继承是一样的，都是继承具体行高的像素值。例如：

```
.father{
  font-size:12 px;
  line-height:2em;
}
.child{
  font-size:30 px;
}
```

子元素的行高继承的是 24 px，比文字大小（30 px）还小，这显然是不合适的。如果直接设置成 line-height：2，则子元素的行高就是 30×2＝60（px）。显然没有单位的写法在继承方面更加有优势，因此很多网站页面的 body 的行高设置为数值，例如淘宝网的文字设置。例如：

```
body{
  font:12 px/1.5 tahoma,arial,'Hiragino Sans GB',' \5b8b \4f53',sans-serif;
}
```

这里的 1.5 代表文字的行高是该元素的 1.5 倍。

【任务实施】

步骤与知识关联图如图 4-14 所示。

任务 4.2　任务实施

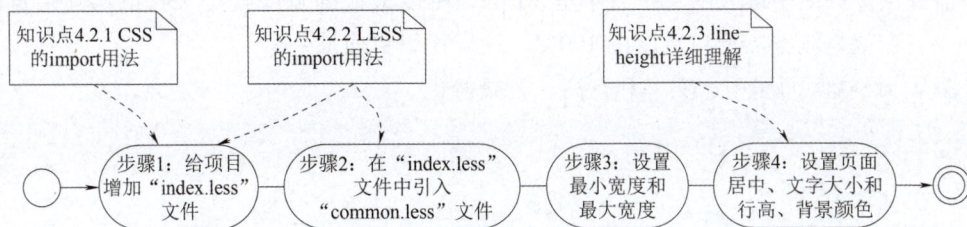

图 4-14　步骤与知识关联图

步骤 1：给项目增加"index. less"文件。

为了把首页相关的 CSS 代码单独写在一个文件里，需要在"css"文件夹中增加一个"index. less"文件，然后在"index. html"中增加一条语句，引入"index. less"编译后的"index. css"文件。

```
<linkrel="stylesheet" href="./css/index.css">
```

步骤 2：在"index. less"文件中引入"common. less"文件。

现在"index. less"文件中加入引入语句，注意一定要放在代码前面。

```
@ import "common";
```

然后在"index. html"中去掉以下引入语句。

```
<! --<linkrel="stylesheet" href="./css/common.css" /> -->
```

这样，link 语句除了引入"normalize. css"文件之外，只引入"index. css"文件即可。

步骤 3：设置最小宽度最大宽度。

以前进行如下设置。

```
width:100% ;
max-width:540 px;
min-width:320 px;
```

以上代码设置页面宽度范围是 320～540 px。在该范围内，页面宽度和浏览器窗口宽度一致。使用 rem 布局，可以使用另外一种写法。本项目具体做法是，把浏览器窗口分割成15 份，每一份作为 html 元素的文字大小 font-size，也就是基准。例如对于 450 px 的浏览器窗口，30 px 就是基准，那么 15 rem 就是浏览器窗口的大小。利用这个原理设置页面宽度时，最大宽度不用设置，因为 1 rem 最大是 50 px，所以最大宽度就是 50×15＝750（px）。

```
body {
    min-width:320 px;
    width:15 rem;
}
```

如前设置，页面中最大的文字大小是 50 px，所以最大的宽度就是 750 px。其余宽度使用 15 rem，也就是浏览器窗口宽度的 100%。这样代码更简洁。

步骤 4：设置页面居中、文字和行高、背景颜色。

```
body {
    margin:0 auto;
    line-height:1.5;
    font-family:Arial,Helvetica;
    background:#F2F2F2;
}
```

效果如图 4-15 所示。

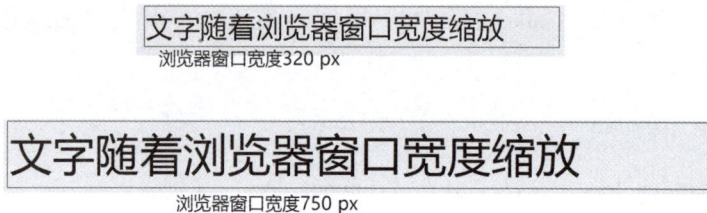

文字随着浏览器窗口宽度缩放
浏览器窗口宽度320 px

文字随着浏览器窗口宽度缩放
浏览器窗口宽度750 px

图 4-15　任务运行效果

【评估总结】

进行任务实施评估，完成表 4-11。

表 4-11　任务实施评估　　　　　　　　　　　　任务 4.2　习题

观察项	评价
是否完成小组任务分配	
网页结构是否合理	
页面外观是否和效果图一致	
网页中的文字是否随着浏览器窗口的缩放而缩放	

回顾本任务所学知识，完成表 4-12。

表 4-12　知识回顾

观察项	回答
CSS 的 import 引入方式是什么？	
LESS 的 import 引入方式是什么？	
line-height 的无单位设置有什么好处？	
如何通过 rem 设置页面宽度？	

任务 4.3　搜索模块制作

【任务发布】

完成图 4-16 所示的页面搜索模块，当浏览器窗口缩放时，页面中的所有文字、图标都随之缩放。

图 4-16　搜索模块效果

> **素质小站：竞合共赢**
>
> 京东商城作为旗帜性企业，不可避免地面对激烈甚至白热化的商业竞争。面对越来越激烈的市场竞争，京东认识到不仅要协同战略合作伙伴，加强密切合作关系，更要与对手在充分竞争的基础上展开合作。京东理解的合作，是共赢发展的合作、联合互补的合作，由合作带来的"竞合共赢"是京东谋求发展的永恒理念。
>
> 在学习和工作中也会不可避免地面对竞争，正确地看待竞争，做好心理建设，化"嫉妒"为"力量"，实现共赢，这才是积极的态度。

【资讯收集】

收集相关资讯，完成表 4-13。

表 4-13　资讯收集

观察项	结论
观察 m.taobao.com 的搜索模块，它和本任务要实现的搜索模块是否相似？	
如何设置文字大小，才能让它随浏览器窗口的变化而变化？	

【任务分析】

进行任务分析，完成表 4-14。

表 4-14　任务分析

观察项	结论
搜索模块采用什么定位方式？	
为了使页面的宽度和高度都随着浏览器窗口变化，需要通过什么单位设置？	
为了使搜索栏中的文字、图片都随着浏览器窗口变化，都需要通过什么单位设置？	

【初步思路】

小组进行讨论：根据经验，应该如何分步骤完成任务？将初步思路填入表4-15。

表4-15　初步思路

开发流程	待解决问题

【知识储备】

任务4.3　知识储备

知识点 4.3.1　rem 单位的数值设定方法

在实际应用中，得到的是一张 750 px 宽度的设计图，因此只能测量出某一元素的实际高度，而没有现成的 rem 可以使用。这就要求知道 750 px 下的 html 元素的文字大小，也就是 750 px 下的参考文字大小。通过前面的代码可以知道它是 50 px。

```
@ no :15;
@ media screen and(min-width:750 px){
    html {
        font-size:(750 px /@ no);
    }
}
```

在 750 px 宽度的效果图中测量出某个模块的高度是 88 px，应该如何使用 rem 单位？因为 LESS 支持变量和数值计算，所以可以进行如下操作。

```
@ baseFont:50;
.search-content {
    height:(88 rem /@ baseFont);
}
```

因为数值计算结果的单位采取前一项的单位，所以 88 的单位不是 px，而是 rem，这样结果才是 1.76 rem。

知识点 4.3.2　获得网页效果图和调整尺寸

制作网页时，有时可获得美工提供的效果图，有时需要借鉴其他网页，进行切图并测量。如何获得网页效果图？首先可利用浏览器自带的截图工具截取网页全图，例如 Chrome

浏览器。

在"开发者工具"中，通过按"Shift+Ctrl+P"组合键可以调出命令面板，再搜索"图"或者"capture"，就可以找到"Capture full size screenshot"工具，如图 4-17 所示，单击就可以得到网页全图。

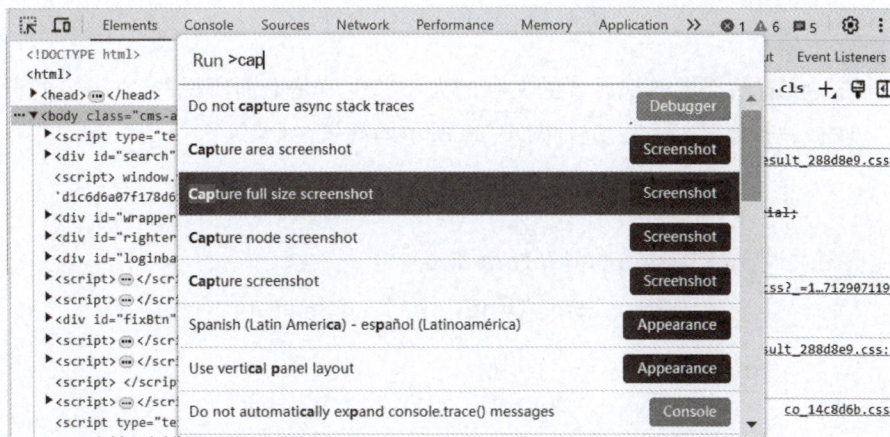

图 4-17　"Capture full size screenshot"工具

得到网页全图之后，通过 Photoshop 的测量工具会发现它尺寸并不等于网页元素的真实尺寸，尺寸可能相差很大，这是为什么呢？

其实这与屏幕的设置（图 4-18）有关。屏幕在显示时缩放了原来的大小。在 Photoshop 中将该网页全图的尺寸设置成 750 px 后再测量，结果才是真实的尺寸。

图 4-18　屏幕的设置

知识点 4.3.3　用 VSCode 插件计算 rem 值

通过之前的学习，可以知道使用 rem 布局时需要网页效果图，一般宽度为 750 px，页面中每个元素的尺寸的 px 值需要换算成对应的 rem 值——750 px 的宽度 15 等分为根元素的文字大小，即 50 px，则 100 px 要写成 2 rem。这种计算比较不方便，可以用 VSCode 插件自动将 px 值变成 rem 值。常用的 VSCode 插件如图 4-19 所示。

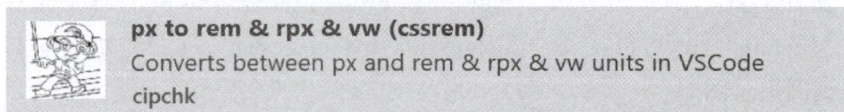

px to rem & rpx & vw (cssrem)
Converts between px and rem & rpx & vw units in VSCode
cipchk

图 4-19　常用的 VSCode 插件

该插件需要配置所需要的根元素的文字的大小，也就是上面所说的 50 px。打开 VSCode 的"设置"面板，搜索"root"，进行图 4-20 所示的配置。

Cssrem: Root Font Size
基准font-size（单位：`px`），default: 16

50

图 4-20　配置根元素的文字大小

最后在 CSS 文件中书写 50 px，单击数值，按"Alt+Z"组合键，该插件就会将其转换为 1 rem。

【任务实施】

步骤与知识关联图如图 4-21 所示。

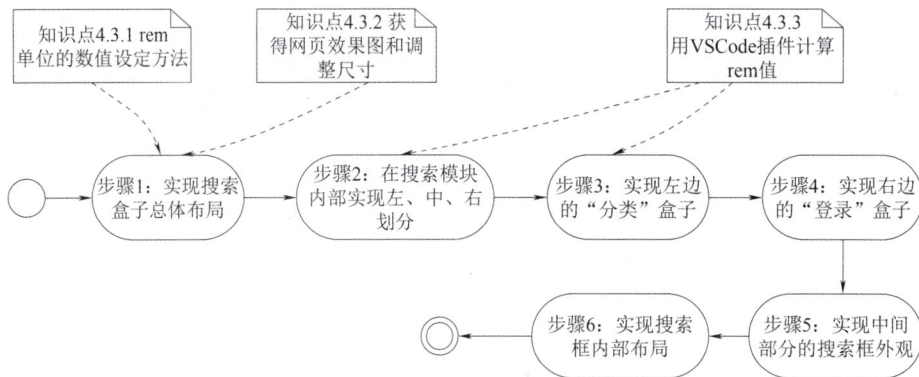

图 4-21　步骤与知识关联图

步骤 1：实现搜索盒子总体布局

（1）实现搜索盒子的尺寸和固定定位。

缩写一个盒子用来放搜索内容。

```
<div class="search-box"></div>
```

（2）实现 .search-box 的固定定位，定位到页面中间。

```
.search-box {
    position:fixed;
    top:0;
    left:50%;
transform:translate(-50%);
}
```

（3）设置尺寸。

宽度是 15 rem，即与 body 同宽，将高度设置成测量高度 88 px（这里的测量值都是基于 750 px 宽度的网页全图）除以基准文字大小 50 px，得到的其实是 1.76 rem。

```
@baseFont:50;
.search-box {
    width:15 rem;
    height:(80 rem /@baseFont);
}
```

其他尺寸的浏览器窗口的基准尺寸不同，例如 320 px 宽的浏览器窗口，基准尺寸就是 21.333 333 33 px，那么此时的 1.76 rem 不再是 88 px，而是 37.55 px。浏览器窗口尺寸与基准尺寸对应表见表 4-16。

表 4-16　浏览器窗口尺寸与基准尺寸对应表

浏览器窗口尺寸/px	基准尺寸（font-size）/px	1.6 rem 对应 px 值/px
320	21.333 333 33	34
400	26.666 666 67	42.666 6
750	50	80

【效果】浏览器窗口越宽，盒子越高。

（4）使用 VSCode 的 rem 计算插件。

```
height:1.6 rem;
```

步骤 2：在搜索模块内部实现左、中、右划分。

在搜索盒子内部，分成左边的"分类"盒子、右边的"登录"盒子和中间的"搜索框"盒子。左、右两边的盒子宽度固定，而中间的盒子是自适应的。可以采取弹性布局。这种方式称为混合布局，即把之前学习的内容综合运用。

（1）实现网页结构划分。

.search-box 盒子包含左边的"分类"盒子、右边的"登录"盒子，还有中间的"搜索框"盒子。

```
<div class = "search-box">
    <a class = "menu"></a>
    <div class = "search-text"></div>
    <a class = "login"></a>
</div>
```

（2）给父元素 . search-box 添加弹性盒子设置。

```
.search-box {
  display:flex;
  .menu {
    width:1.8 rem;
    background-color:aqua;
}
.search-text {
    flex:1;
}
.login {
    width:1.8 rem;
    background-color:aqua;

}
}
```

效果如图 4-22 所示。

图 4-22　步骤 2 效果

步骤 3：实现左边的"分类"盒子。

（1）如图 4-23 所示，左边的"分类"盒子测量出的中间"三"形图片的大小是 40 px×36 px，距离上边 26 px，距离左边 28 px。

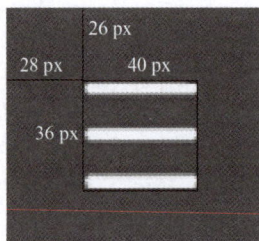

图 4-23　局部尺寸

（2）实现网页布局。

```
<a class="menu">
    <span></span>
</a>
```

（3）实现 span 绝对定位，设置其坐标、尺寸和背景图片。

```
.menu {
    position:relative;
    span {
        position:absolute;
        width:0.8 rem;
        height:0.72 rem;
        left:0.56 rem;
        top:0.52 rem;
        background-image:url(../images/search-menu.png);
        background-size:cover;
    }
}
```

效果如图 4-24 所示。

图 4-24   步骤 3 效果

步骤 4：实现右边的"登录"盒子。

（1）实现 HTML 结构。

```
<a class="login">登录</a>
```

（2）实现文字大小（测量值为 26 px）、颜色、垂直居中和水平居中。

```
.login {
    text-align:center;
    line-height:1.6 rem;
    color:#fff;
    font-size:0.52 rem;
}
```

效果如图 4-25 所示。

图 4-25　步骤 4 效果

步骤 5：实现中间部分的搜索框外观。

搜索框边缘效果如图 4-26 所示。为中间的部分增加上、下 margin（测量值为 10 px）。角半径是一个半圆，半径就是矩形的短边的一半。图 4-26 中，60 px 是搜索盒子总高度 80 px，减去上、下 margin 的 10 px。

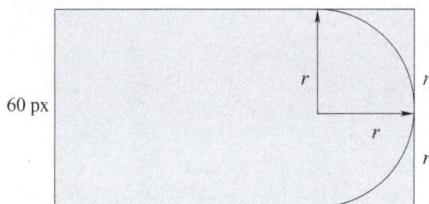

图 4-26　搜索框边缘效果

```
.search-text {
    flex:1;
    margin:0.2 rem 0;
    background-color:#fff;
    border-radius:0.6 rem;
}
```

效果如图 4-27 所示。

图 4-27　步骤 5 效果图

步骤 6：实现搜索框内部布局。

目标效果如图 4-28 所示。

图 4-28　步骤 6 的目标效果

对 .search-text 采取弹性布局，尺寸如图 4-29 所示。

图 4-29　搜索框布局尺寸

（1）实现 HTML 结构。

```
<div class = "search-text">
    <span></span>
    <span>|</span>
    <span></span>
    <span>外置光驱</span>
</div>
```

为了设置文字的基准尺寸，在 body 中加入文字大小的设置代码。

```
body{
  //控制下文字的默认大小
  font-size:0.52 rem;
}
```

（2）设置 . search-text 为弹性布局，设置"JD"图标和放大镜图标的尺寸。这里要特别注意下精灵图素材和效果图的两个图标的大小，发现它大小相似，这样就不需要对精灵图素材进行缩放，直接使用即可。

```
.search-text {
    padding:0.2 rem 0.6 rem;
    color:#ccc;
    display:flex;
    align-items:center;
    span:first-child {
        width:0.8 rem;
        height:0.66 rem;
        background-image:url(../images/jd-sprites.png);
        background-position:0 0;
        background-size:8 rem 8 rem;
        margin-right:0.2 rem;
    }
    span:nth-child(3){
        width:(0.8 rem /1.2);
```

```
        height:(0.8 rem /1.2);
        background-image:url(../images/jd-sprites.png);
        background-position:(-2.4 rem /1.2)(-4.4 rem /1.2);
        background-size:(8 rem /1.2)(8 rem /1.2);
        margin:0 0.2 rem;
    }
    span:last-child {
        flex:1;
    }
}
```

第 2 行：设置父盒子内边距，如图 4-29 所示。

第 4，5 行：设置父盒子弹性布局容器，在侧轴（y 轴）上居中。

第 6~12 行：设置 "JD" 图标。使用背景图片，因为 "JD" 图标的大小和精灵图素材中 "JD" 的大小一致，都是 40 px×33 px，因此直接使用精灵图素材。

第 14~21 行：设置放大镜图标。此处精灵图素材的尺寸是 40 px×40 px，而效果图的尺寸是 33 px，差不多是精灵图素材缩小 $\frac{1}{6}\left(\frac{0.2}{1.2}\right)$ 的效果。因此，在直接使用精灵图素材的基础上，把图像的尺寸都除以 1.2，这样就可以得到缩小的放大镜图标。

第 22~24 行：最后一个存放文字的 span 占据剩余的所有区域，因此设置为 flex:1。

效果如图 4-30 所示。随着浏览器窗口尺寸变化，页面中所有内容的尺寸都随之变化。

图 4-30　最终效果

【评估总结】

进行任务实施评估，完成表 4-17。

表 4-17　任务实施评估

任务 4.3　习题

观察项	评价
是否完成小组任务分配	
网页结构是否合理	
页面外观是否和效果图一致	
页面中的文字是否随着浏览器窗口的缩放而缩放	

回顾本任务所学知识，完成表 4-18。

表 4-18　知识回顾

观察项	回答
如何确定 rem 的单位长度？	
如何使用 rem 单位确定网页模块的高度和宽度？	
如何利用 CSS 的变形技术实现盒子居中对齐？	

任务 4.4　轮播广告的实现（选学）

【任务发布】

本任务实现轮播广告，效果如图 4-31 所示。

图 4-31　轮播广告效果

【资讯收集】

收集相关资讯，完成表 4-19。

表 4-19　资讯收集

观察项	结论
jQuery 是什么？它和 JS 相比有哪些优势	
查一查 overflow 属性，说一说 overflow：hidden 的用途	
查一查 JS 时钟，说一说它的功能	

【任务分析】

进行任务分析，完成表 4-20。

表 4-20　任务分析

观察项	结论
该效果首先要进行 4 个广告图片的横向布局。这应该如何实现？	
通过观察发现，时钟的时间一到，就会出现动态效果，请回答动态效果是什么，它让你联想到 CSS 的哪个属性	
考虑一下，为什么 4 张广告图片可以循环播放？	

【初步思路】

　　小组进行讨论：根据经验，应该如何分步骤完成任务？将初步思路填入表 4-21。

表 4-21　初步思路

开发流程	待解决问题

【知识储备】

知识点 4.4.1　网页的 DOM 结构

　　当网页被浏览器加载时，浏览器会创建文档对象模型 DOM（Document Object Model）。它的结构是一颗倒挂的树（图 4-32），树上的节点都是对象，对应 HTML 中相应的元素。例如页面中的 a 元素被生成一个超链接对象，放入 DOM。

任务 4.4
知识储备

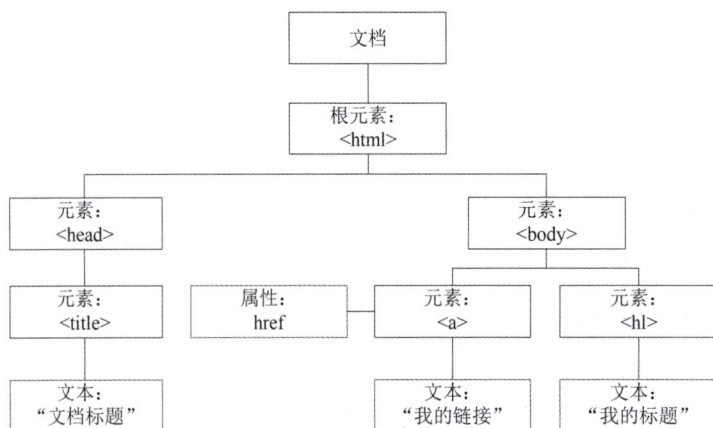

图 4-32　DOM 示意

　　通过 DOM，原生 JS 可以获取 DOM 中的所有元素并对元素对象进行如下操作。

（1）改变页面中的 html 元素。

（2）改变页面中 html 元素的属性。

（3）改变页面中元素的 CSS 样式。

（4）删除已有的 html 元素和属性。

（5）添加新的 html 元素和属性。

案例 4.3　通过 JS 代码修改页面元素。

```
<style>
     .main {
         width:100 px;
         height:100 px;
         background-color:#ccc;
     }
</style>
<body>
   <div class="main">空空如也</div>
   <script>
       document.querySelector(".main").innerHTML="我爱JS";
       document.querySelector(".main").style.backgroundColor="red";
</script>
</body>
```

知识点 4.4.2　jQuery 的节点操作

1. 节点筛选

JS 可实现对 DOM 中对象的修改，但是使用 jQuery 更方便。筛选选择器的作用是在 DOM 中获得符合特定条件的网页节点，具体见表 4-22。

表 4-22　筛选选择器介绍

名称	用法	描述
children(selector)	$('ul').children('li')	相当于 $('ul>li')，子类选择器
find(selector)	$('ul').find('li');	相当于 $('ul li')，后代选择器
siblings(selector)	$('#first').siblings('li');	查找兄弟节点，不包括本身
parent()	$('#first').parent();	查找父节点
eq(index)	$('li').eq(2);	相当于 $('li:eq(2)')，index 从 0 开始
next()	$('li').next()	查找下一个兄弟节点
prev()	$('li').prev()	查找上一个兄弟节点

案例 4.4

```
<script>
    $(function(){
```

```
        console.log( $('.container>.list').children().eq(0).html());
        console.log( $('.container>.list>li:eq(1)').next().html());
    });
</script>
    <div class="container">
        <ul class="list">
            <li><span>1</span></li>
            <li><span>2</span></li>
            <li><span>3</span></li>
        </ul>
    </div>
```

第 3 行：获取 ul 的第 0 个子元素，也就是 1，输出它的 HTML 内容。

第 4 行：获取第 1 个节点的后面一个节点的 HTML 内容，也就是第 3 个 li。

2. 节点的创建和克隆

可以使用 $() 方法创建节点，例如：

```
$('<ahref="http://www.sina.com.cn">点击查看新闻</a>');
$('<div>我是 div 标签 1</div>');
```

也可以使用 clone() 方法复制一个已经存在的节点，例如：

```
$(".list>li:nth-child(3)").clone().appendTo( $(".list"));
```

以上代码是将案例 4.4 中的第 3 个 li 复制一份，添加到 ul 中，这时 ul 中出现了 4 个 li。

3. 节点的添加

添加节点有 5 种方法，见表 4-23。

表 4-23　添加节点的方法

名称	用法	描述
append()	父节点 . append(子节点)	添加到最后面
appendTo()	子节点 . appendTo(父节点)	添加到最后面（作用与 append 一致，但调用顺序不一样）
prepend()	父节点 . prepend(子节点)	添加到最前面
before()	兄弟节点 A.before(兄弟节点 B)	B 插到 A 前面
after()	兄弟节点 A.after(兄弟节点 B)	B 插到 A 后面

在案例 4.4 的代码中加入以下语句。

```
$('.list').append( $('<li>5</li>'));
$('.list>li:nth-child(3)').after( $('<li>after</li>'));
```

第 1 行：在 ul 的最后增加一个 li，其中是 5。

第 2 行：在第 3 个 li 的后面增加节点 li，其中是 after。

4. 节点的删除

empty( ) 方法用于移除一个节点的所有子节点，其语法格式如下。

```
$('.list').empty();
```

remove( ) 方法将节点自身也移除，当然也会移除该节点的子节点，其语法格式如下。

```
$('.list').remove();
```

【任务实施】

任务 4.4　任务实施（一）　　任务 4.4　任务实施（二）　　任务 4.4　任务实施（三）

步骤与知识关联图如图 4-33 所示。

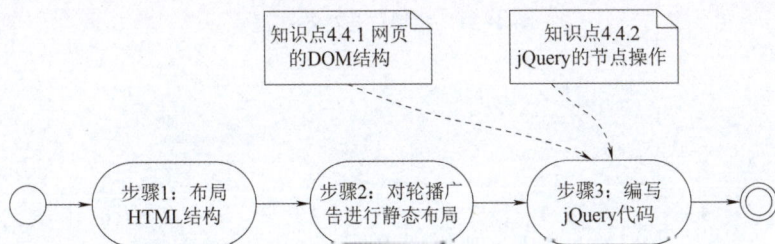

图 4-33　步骤与知识关联图

步骤 1：布局 HTML 结构。

目前总共有 4 张广告图片，设置父子包含关系。

```html
<div class="adv-box">
    <div class="adv-container">
        <ul class="slider">
            <li>
                <a href="#"><img src="./upload/slide1.jpg"/></a>
            </li>
            <li>
                <a href="#"><img src="./upload/slide2.png"/></a>
            </li>
            <li>
                <a href="#"><img src="./upload/slide3.jpg"/></a>
```

```
        </li>
        <li>
            <a href="#"><img src="./upload/slide4.jpg"/></a>
        </li>
        </ul>
    </div>
</div>
```

其中 .adv-box 作为该模块的容器，它负责整个模块的定位、背景颜色等。.adv-container 是滚动图片的观察窗口，从这个窗口中可以看到广告轮播效果。

步骤 2：对轮播广告进行静态布局。

设置 .adv-container 的尺寸，将溢出的部分隐藏，设置 ul 的 li 横向排列，如图 4-34 所示。

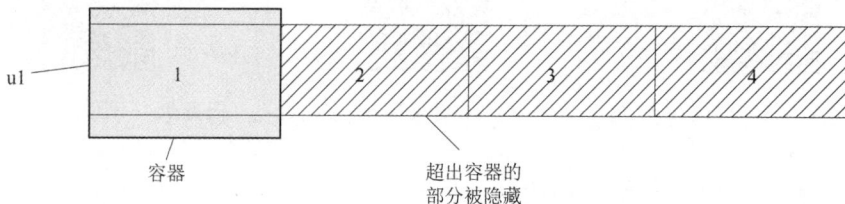

图 4-34 轮播广告静态布局

```
.adv-box {
    margin-top:1.6 rem;
    .adv-container {
        margin:0 0.5 rem;
        width:14 rem;
        height:5.6 rem;
        overflow:hidden;
        .slider {
            display:flex;
            li {
                a {
                    display:block;
                    width:14 rem;
                    height:100%;
                    font-size:0;
                    img {
                        width:100%;
                        height:100%;
                    }
                }
            }
```

```
                    }
                }
            }
        }
```

第 2 行：设置上边距为 80 px。

第 4 行：设置两边的内边距为 25 px。

第 5~6 行：设置 . adv-container 的大小为 700 px×280 px。

第 7 行：设置溢出隐藏。

第 9 行：设置弹性容器，因为弹性容器默认是不换行的，通过该语句让子项目，也就是每个 li 横向排列。

第 12~14 行：设置超链接的大小。

第 15 行：真正的目的是解决图片把父容器撑得更高的问题。

第 17~18 行：是设置图片和容器一样大小。

效果可以通过取消"溢出属性"来观察，只有所有小 li 横向排列，并且图像尺寸合适才是正确的。

步骤 3：编写 jQuery 代码

需要导入 jQuery 库文件，还需要编写一个单独的"slider. js"文件。在项目目录中加入"js"文件夹，如图 4-35 所示。

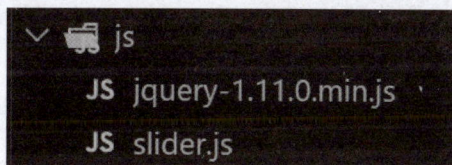

图 4-35　"js"文件夹结构

【分析】轮播广告状态变化如图 4-36 所示，而看到的是该效果的一部分，其他部分被 overflow 属性隐藏。

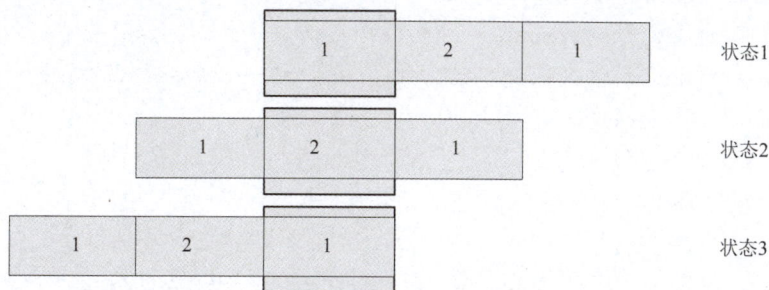

图 4-36　轮播广告图状态变化

【思路】黑框代表视野，1，2 表示需要轮播的图片。

状态 1，在图片 1，2 后面增加图片 1，形成 "1，2，1" 的效果。视野中是图片 1。

状态 2，定时器定时到，"1，2，1" 向左移动 1 张图片，视野中变成图片 2。

状态 3，定时器定时到，"1，2，1" 继续向左移动，视野中变成图片 1。

状态 1，定时器定时到，刚才状态 3 中的所有图片已经移动完毕，需要进行下一次轮播，由状态 3 切换到状态 1，在视野中依然是图片 1，观看感受不到变化。

状态 2，定时器定时到，"1，2，1" 向左移动 1 张图，视野中变成 2。

······

如此循环，视野中的图片一直向左移动，显示 "1，2，1，2，1，2，…"。

（1）编写 jQuery 入口函数。

```
$(function(){})
```

（2）拼接第一个广告图片。

把第 1 个广告图片复制一份，添加到广告容器中，让原来的 4 张广告图片变成 5 张广告图片。

```
letsliderRoot = $(".adv-box .adv-container .slider");
sliderRoot.children().eq(0).clone().appendTo(sliderRoot);
```

（3）动态获得广告图片的个数（这里是 1+4＝5）和每一张图片的宽度。

这里不可以直接写数值，因为页面是自适应的，图片大小是变动的，可以动态获取。

```
varlen=sliderRoot.children().length;
var aver=sliderRoot.width();
```

（4）编写定时函数，实现定时滚动。

每过 2 秒就滚动一次，所谓滚动，就是让 ul. slider 实现一次 *x* 轴位移的缓慢过渡。这里的 *x* 轴位移就是 transform：translate，只不过在 JS 中动态实现，而不在 CSS 中写。

每滚动一次的距离是一张广告图片的宽度，这样才能看到广告图片逐张滚动。滚动不是无限的，因为有长度的限制。当滚动到最后时，从头开始。

```
    var flag=1;
    setInterval(function(){
        sliderRoot.css("transition","2s");
        sliderRoot.css("transform","translate(-" + aver * flag + " px)");
 * flag++;
        if(flag == 5)
            setTimeout(function(){
                sliderRoot.css("transition",'all 0s');
                sliderRoot.css("transform","translate(0)");
                flag=1;
        },2000);
    },3000)
```

第 1 行：使用 flag 作为轮播标记。

第 3~4 行：使用 CSS 方法修改 2D 变换属性和缓慢过渡属性，实现 2 秒内向左移动一张图片的宽度。

第 7~12 行：使用 CSS 复位，使其从移动最大距离"默默"地还原到原来的位置，也就是从状态 3 变成状态 1 的代码表示。

> **素质小站：多角度解决问题**
>
> 　　横看成岭侧成峰，远近高低各不同。——苏轼《题西林壁》
>
> 　　这句诗说明对于同一个问题，从不同的角度可以找到不同的解决方法。
>
> 　　对于轮播广告效果，一共介绍了 3 种，有 CSS 动画实现、jQuery 库文件实现和自己编程实现。从多个角度、使用多种方法解决一个问题的，可以比较各种方法的优、劣势。
>
> 　　在学习中，不少同学遇到新的问题时会产生"畏难"情绪，希望用以前的方法解决新问题，而不考虑方法是否合适。这样就失去了学习新技能的机会。

【评估总结】

进行任务实施评估，完成表 4-24。

任务 4.4　习题

表 4-24　任务实施评估

观察项	评价
是否完成小组任务分配	
网页结构是否合理	
页面外观是否和效果图一致	
广告轮播效果是否出现	
当浏览器窗口尺寸变化时，广告轮播效果是否依旧正常	
是否指出哪些代码使轮播广告效果可以随着浏览器窗口缩放正常显示	

回顾本任务所学知识，完成表 4-25。

表 4-25　知识回顾

观察项	回答
通过 jQuery 可以方便地进行节点操作，说出有哪些典型的节点操作	
jQuery 的 CSS 方法可以实现什么功能	
轮播广告效果实现步骤如图 4-37 所示，请将流程图进行修改，实现一屏两张图的轮播广告效果	

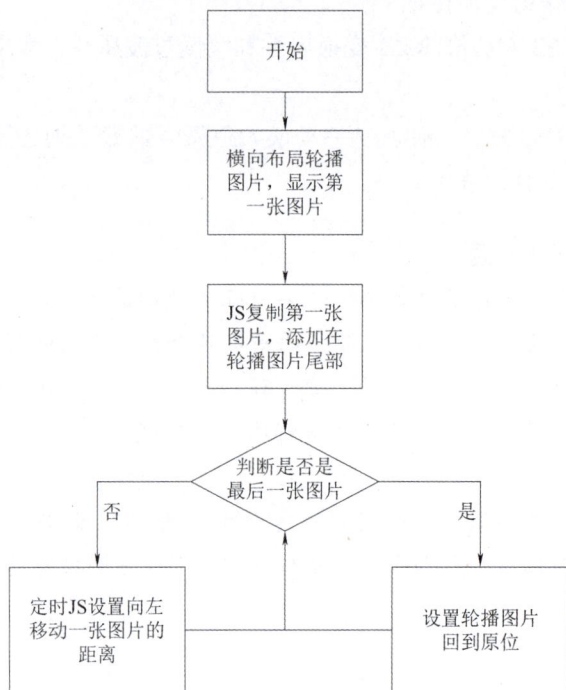

图 4-37　轮播广告效果实现步骤

任务 4.5　滑动导航模块制作

【任务发布】

本任务是实现滑动导航模块（图 4-38）。可以通过手指使该模块动态左右滑动。

图 4-38　滑动导航模块示意

素质小站：小信成则大信立（《韩非子·外储说左上篇》）

　　小的信诚可以建立大的信誉。大的信誉的建立以每一件小事为基础，做再小的事也要讲究信用、诚信，长此以往，信用度就会提高。

走上电商的道路之后，京东坚持诚信经营的信念，其所有商品都是正品，也会开具相应的发票。诚信是京东的宗旨，因为诚信，广大用户在选择线上渠道购买商品时更加信任京东，这也为京东带来了巨大的回报。

对个人而言，诚信是一种品质、一种责任、一种高尚的人格。工作中的信用是指认真完成自己的任务，信守承诺，不弄虚作假，对所在的团队、企业负责。

【资讯收集】

收集相关资讯，完成表 4-26。

表 4-26　资讯收集

观察项	结论
你能在其他网站上找到类似的滑动导航效果吗？	
你觉得滑动导航的好处是什么？	
了解移动端的触摸事件。	

【任务分析】

进行任务分析，完成表 4-27。

表 4-27　任务分析

观察项	结论
说一说如何进行网页静态布局	
"左右滑动"是移动端的触摸事件，如何知道用户的滑动动作是"向左"还是"向右"？	
捕捉到触摸事件之后应该产生响应。这里的"响应"是什么？	

【初步思路】

小组进行讨论：根据经验，应该如何分步骤完成任务？将初步思路填入表 4-28。

表 4-28　初步思路

开发流程	待解决问题

【知识储备】

知识点 4.5.1　触摸事件的属性 targetTouches

1. 常见的触摸事件有 touchstart、touchmove 和 touchend

（1）touchstart 事件：当手指触摸屏幕时候触发，即使已经有一个手指放在屏幕上也会触发。

（2）touchmove 事件：当手指在屏幕上滑动的时候连续地触发。

（3）touchend 事件：当手指从屏幕上离开时触发。

案例 4.5　设置一个盒子，让其响应触摸的 3 个事件，打印事件名称。

```html
<style>
    div {
        width:100%;
        height:500px;
        background-color:#ccc;
    }
</style>
<script src="./js/jquery-1.11.0.min.js"></script>
<script>
    $(function(){
        $('div').on('touchstart',function(){
            console.log('touchstart');
        });
        $('div').on('touchmove',function(){
            console.log('touchmove');
        });
        $('div').on('touchend',function(){
            console.log('touchend');
        });
    });
</script>
<div></div>
```

上述代码中 $('div') 的返回值是 jQuery 对象，on()方法用于事件绑定。第一个参数是事件类型，第二个参数是响应函数。

效果如图 4-39 所示。

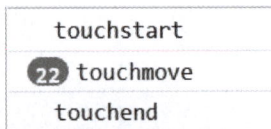

```
touchstart
22 touchmove
touchend
```

图 4-39　案例 4.5 运行效果

【结论】一次触摸滑动过程包含一个 touchstart 事件、多个 touchmove 事件和一个 touchend 事件。

2. 触摸事件包含 targetTouches 属性

观察案例 4.5 代码中的以下语句。

```
$('div').on('touchend',function(){
        console.log('touchend');
});
```

function()可以写成 function(event)，event 表示当前事件对象，该对象包括与事件有关的属性，例如触摸事件在什么时候发生、发生的坐标、是谁响应了触摸事件等。在触摸事件发生后，会产生一个 event 对象，它包含一些用于跟踪触摸手指的属性，例如 targetTouches。

targetTouches 特定于事件目标的 Touch 对象的数组。

如果只有一根手指，那么 targetTouches[0] 就代表这根手指对应的 Touch 对象。这是运用最多的情况。

Touch 对象中有两个重要的属性：screenX 和 screenY。

（1）Touch. screenX：触点相对于屏幕左边沿的 X 坐标，只读属性。

（2）Touch. screenY：触点相对于屏幕上边沿的 Y 坐标，只读属性。

如图 4-40 所示，e. targetTouches[0]. screenX 表示发生触摸事件的手指在屏幕上的 X 坐标。

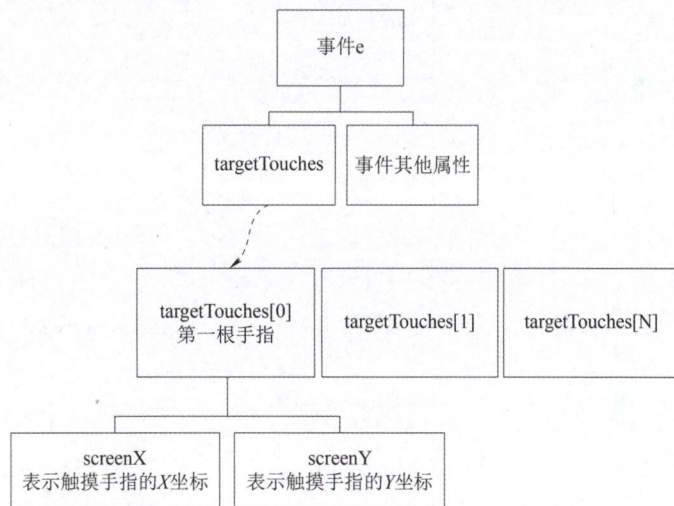

图 4-40　从事件 e 获得触摸手指的坐标

如何修改案例 4.5 代码，让它反应手指的位置？

（1）在事件绑定的函数参数中加入参数 event。

```
$('div').on('touchstart',function(event){
});
```

（2）在 touchmove 事件发生时，不断更新手指的位置。

```javascript
$('div').on('touchstart',function(event){
    console.log('touchstart');
    var touch=event.targetTouches[0];
});
$('div').on('touchmove',function(event){
    console.log('touchmove');
    var touch=event.targetTouches[0];
    //滑动中
    endX=touch.screenX;
    endY=touch.screenY;
    console.log('endX:' + endX +',' +'endY:' + endY);
});
$('div').on('touchend',function(event){
    console.log('touchend');
});
```

知识点 4.5.2 触摸移动的距离

如图 4-41 所示，如何获得一次触摸中手指移动的距离？

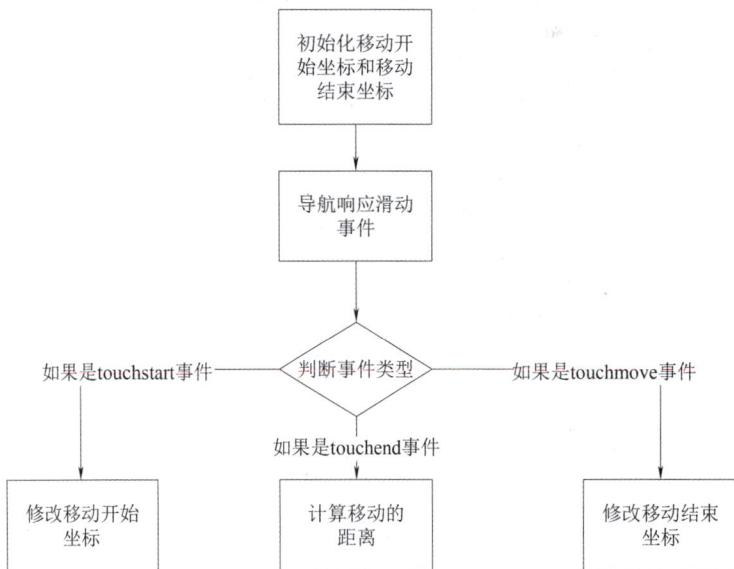

图 4-41 获得手指移动的距离

（1）touchstart 事件发生时，记录手指的初始位置。

（2）touchmove 事件发生时，更新手指的位置。

（3）touchend 事件发生时，进行手指位置的计算。

```
$(function(){
    var startX=0;
    var startY=0;
    var endX=0;
    var endY=0;

    $('div').on('touchstart',function(event){
        console.log('touchstart');
        var touch=event.targetTouches[0];
        //滑动起点的坐标
        startX=endY=touch.screenX;
        startY=endY=touch.screenY;
        console.log('startX:' + startX + ',' +'startY:'+startY);
    });

    $('div').on('touchmove',function(event){
        console.log('touchmove');
        var touch=event.targetTouches[0];
        //滑动中
        endX=touch.screenX;
        endY=touch.screenY;
        console.log('endX:' + endX + ',' +'endY:' + endY);
    });

    $('div').on('touchend',function(event){
        console.log('touchend');
        //滑动终点的坐标
        console.log(
            '移动的距离' +
            'x方向:' +
            (endX-startX)+
            ',' +
            'y方向:' +
            (endY-startY)
        );
    });
});
```

【解释】

第 2～5 行：startX、startY 代表滑动开始时手指的坐标，endX、endY 代表滑动结束时手指的坐标。

第 7 行：$('div')$ 表示标签是盒子的 jQuery 元素，转化成 JS 元素。其实该语句和 document. querySelector("div") 是一样的。

第 7 ~ 11 行：表示当触摸开始（touchstart）时，初始化 startX、startY、endX、endY 的值。

第 16~23 行：表示当触摸移动（touchmove）时，更改 endX、endY 的值。

第 25~36 行：表示当触摸结束（touchend）时，计算在 x 轴上滑动的距离和在 y 轴上滑动的距离。

通过案例 4.5，发现在一次滑动中，touchmove 事件会发生多次，那么可以在每次手指移动时都修改 endX 和 endY，指导 touchend 事件发生，效果如图 4-42 所示。

```
touchstart
startX:238.6666717529297,startY:392.66668701171875
touchmove
endX:248.6666717529297,endY:390.66668701171875
touchmove
endX:248.6666717529297,endY:390
touchmove
endX:250,endY:390
touchend
移动的距离x方向:11.333328247070312,y方向:-2.66668701171875
```

图 4-42　运行效果

x 方向是 11.33 px，表示向右移动了一点，y 方向是 -2.67 px，表示向上移动了一点。因此，通过手指移动的情况，可以判断手指是朝着哪个方向移动的和移动的距离。

【任务实施】

步骤与知识关联图如图 4-43 所示。

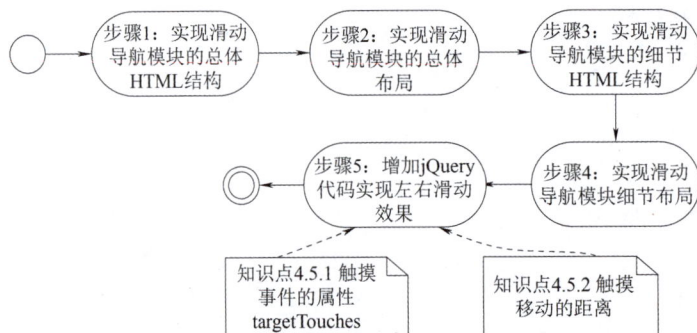

图 4-43　步骤与知识关联图

步骤 1：实现滑动导航模块的总体 HTML 结构。

因为该部分页面结构复杂，所以实现总体 HTML 结构（图 4-44），其内部细节后续实现。

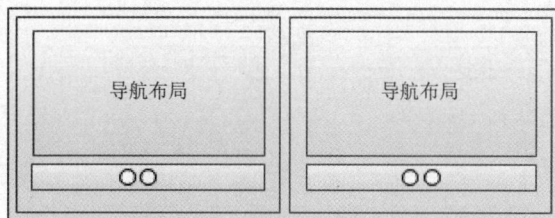

图 4-44 滑动导航模块线框图

```
<nav>
    <div class="two-navs">
        <div class="nav-left nav-part">
            <!-- 存放导航图标 -->
            <div class="nav-tips"></div>
            <!-- 存放圆圈 -->
            <div class="dots"></div>
        </div>
        <div class="nav-right nav-part">
            <!-- 存放导航图标 -->
            <div class="nav-tips"></div>
            <!-- 存放圆圈 -->
            <div class="dots"></div>
        </div>
    </div>
</nav>
```

.two-navs 存放两个导航版块，每个版块分成上面的 .nav-tips 版块和下面的 .dots 版块。.nav-tips 存放多个小的导航图标，.dots 存放效果图中的两个圆点。

步骤 2：实现滑动导航模块的总体布局。

先实现 .two-navs 的宽度为浏览器窗口宽度的 2 倍，用来存放两个导航版块，再实现 nav 的溢出隐藏，这样就只看见第一个导航版块，第二个导航版块被隐藏。

```
nav {
    width:15 rem;
    overflow-x:hidden;
    .two-navs {
        width:30 rem;
        display:flex;
        .nav-part {
            width:15 rem;
            height:6.2 rem;
```

```
        .nav-tips {
            width:100%;
            height:6 rem;
        }
        .dots {
            width:100%;
            height:0.2 rem;
        }
        }
    }
}
```

第 2，3 行：设置 nav 的宽度是浏览器窗口宽度，x 轴超出的内容被隐藏。

第 5 行：设置 .two-navs 的宽度是浏览器窗口宽度的 2 倍。

第 6 行：设置 .two-navs 的布局方式是 flex，该布局方式默认是不换行的。

第 8，9 行：设置左、右两个导航版块的尺寸。

第 11，12 行：设置 .nav-tips 的尺寸，用来存放导航图标。

第 15，16 行：设置 .dots 的尺寸，用来存放两个圆点。

步骤 3：实现滑动导航模块的细节 HTML 结构。

（1）实现导航版块。

超链接表示一个导航版块，每个导航版块里是一张图片和一个 span。

```
<! --存放导航版块 -->
<div class = "nav-tips">
                <a class = "tip">
                    <img src = "./images/supermarket.png" alt = "" />
                    <span>京东超市</span>
                </a>
                <a class = "tip">
                    <img src = "./images/supermarket.png" alt = "" />
                    <span>京东超市</span>
                </a>
                ...(一共 10 个超链接)
</div>
```

（2）实现圆点的内容。

.dot-red 表示红色圆点，.dot-gray 表示灰色圆点。

```
<! --存放圆点 -->
    <div class = "dots">
        <div class = "dot-red"></div>
```

```
        <div class="dot-gray"></div>
    </div>
```

步骤 4：实现滑动导航模块细节布局。

（1）实现 2 行布局，因此设置成弹性布局，并设置多行。因为有 10 个超链接，所以当每个导航内容的宽度占父元素的 20%时会自动变成 2 行。

```
.nav-tips {
    display:flex;
    flex-wrap:wrap;
    a {
        width:20% ;
    }
}
```

（2）设置超链接为弹性布局，主轴为 y 轴正向，侧轴 x 轴居中。设置图片的尺寸。

```
a {
    //设为弹性盒子容器
    display:flex;
     //主轴为 y 轴
    flex-direction:column;
    //主轴 y 轴居中
    justify-content:center;
     //侧轴 x 轴居中
     align-items:center;
    img {
        width:1.4 rem;
        height:1.4 rem;
    }
}
```

（3）设置圆点的 CSS 样式。

设置 .dots 为弹性盒子容器，以 x 轴为主轴，且主轴居中对齐。

设置两个圆点为正方形，设置边半径为正方形边长的一半。

```
.dots {
    width:100% ;
    height:0.2 rem;
    display:flex;
    justify-content:center;
    .dot {
```

```
        width:0.2 rem;
        height:0.2 rem;
        border-radius:0.1 rem;
        margin:0 0.1 rem;
    }
    .red {
        background-color:red;
    }
    .gray {
        background-color:#666;
    }
}
```

效果如图 4-45 所示。

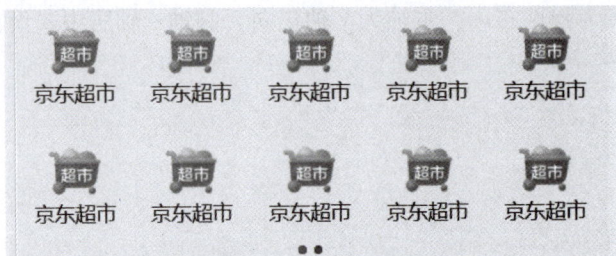

图 4-45　步骤 4 阶段效果

步骤 5：增加 jQuery 代码实现左右滑动效果。

本步骤实现图 4-46 所示的效果。

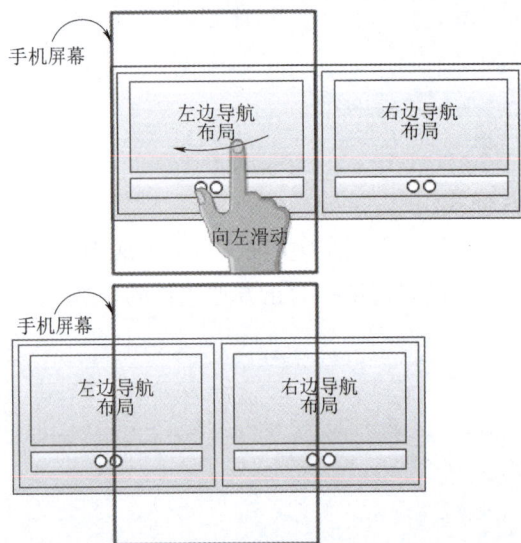

图 4-46　手指滑动导航内容变化示意

（1）在项目的"js"文件夹中新增 JS 文件，用来产生左右滑动效果，如图 4-47 所示。

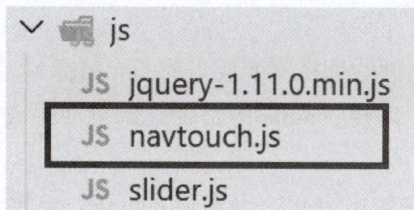

图 4-47　"js"文件夹目录

（2）为 HTML 代码中的 nav 标签添加 id。

```
<nav id="touch-nav">
    <div class="two-navs">
        ……
    </div>
</nav>
```

（3）使用知识点 4.5.2 中的代码。

手指滑动导航的程序流程如图 4-48 所示。

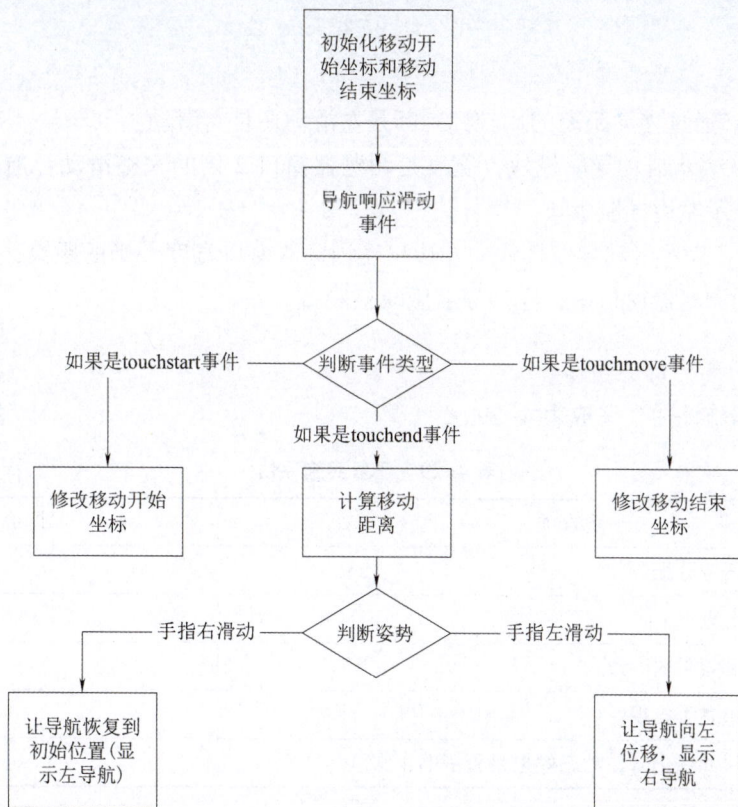

图 4-48　手指滑动导航的程序流程

将 JS 代码复制到 "navtouch. js" 中并进行如下修改。

```
$('div')---->改成 $('#touch-nav')
```

这是将源代码中的发生事件的选择器变成当前的导航标签。

此时在页面中滑动手指，观察 console 中是否显示滑动距离，如果显示，说明代码修改成功。

（4）修改代码，将其中的输出语句，也就是 console. log 语句全部删除并增加滑动处理代码。

```
        //如果手指向右滑动
if(endX-startX > 10)
        $("#touch-nav .two-navs").css({
            "transition":"all 1s",
            "transform":"translate(0)"
        })
        //如果手指向左滑动
else if(endX-startX <-10)
        $("#touch-nav .two-navs").css({
            "transition":"all 1s",
            "transform":"translate(-50%)"
        })
```

第 3，8 行：通过移动距离的比较，判断是左滑动还是右滑动。

第 3~5 行：表示滑动导航模块（宽度是浏览器窗口 2 倍的完整滑动导航模块）回到原来的位置，即显示左边导航版块。

第 9~11 行：表示滑动导航模块向左边移动浏览器窗口宽度一半的距离，也就是将右边导航版块显示到浏览器窗口中，左边导航版块被隐藏。

【评估总结】

进行任务实施评估，完成表 4-29。

表 4-29　任务实施评估　　　　　　　　　　　　　　　　任务 4.5　习题

观察项	评价
是否完成小组任务分配	
网页结构是否合理	
页面外观是否和效果图一致	
页面中动态效果是否出现？	
当浏览器窗口尺寸变化时，动态效果是否依旧正常	

回顾本任务所学知识，完成表 4-30。

表 4-30　知识回顾

观察项	回答
移动端的触摸事件有哪 3 种？	
jQuery 中事件响应可以用 on( ) 方法实现事件和函数的绑定，请找出任务中的相关代码	
event 对象叫作事件对象，它可以携带事件相关的属性，例如事件源、事件类型等。event. targetTouches 保存了什么属性？	
在移动端实现触摸滑动功能的步骤是什么？	
在本任务中，使用 CSS3 过渡实现了什么效果？	

任务 4.6　应用 rem 布局适配方案之"flexible. js"（选学）

【任务发布】

本任务实现仿京东商城页面头部导航效果（图 4-49），要求使用"flexible. js"实现。

图 4-49　仿京东商城页面头部导航效果

【任务分析】

进行任务分析，完成表 4-31。

表 4-31　任务分析

观察项	结论
"flexible. js"是谁开发的？它是什么？	
"flexible. js"的作用是什么？	
如何使用"flexible. js"？	

【初步思路】

小组进行讨论：根据经验，应该如何分步骤完成任务？将初步思路填入表 4-32。

表4-32　初步思路

开发流程	待解决问题

【知识储备】

知识点 4.6.1 "flexible. js"是什么

"flexible. js"是手机淘宝团队开发的简洁高效的移动端适配库。其目的是使网页更方便地使用 rem 布局，其原理和之前学习的 rem 布局原理相同。

任务 4.6　知识储备

"flexible. js"针对不同浏览器窗口，将 1 rem 设置成浏览器窗口宽度的 1/10，因此在使用该方案时不需要自己编写媒体查询代码，直接使用 rem 单位就可以。

综上所述，"flexible. js"是将浏览器窗口划分成 10 等份，设置为 html 元素的文字大小。例如，浏览器窗口是 750 px，就自动设置 html 元素的文字大小是 75 px。

下述代码获取浏览器窗口宽度的 1/10 作为 1 rem，再设置成 html 元素的文字大小。

```
var rem =docEl.clientWidth /10
docEl.style.fontSize=rem +' px'
```

素质小站：共享共赢的合作精神

安卓（Android）是一种基于 Linux 内核（不包含 GNU 组件）的自由及开放源代码的操作系统，主要用于移动设备，如智能手机和平板电脑。

Linux 用 C 语言写成，是符合 POSIX 标准的类 UNIX 操作系统。Linux 最早是由芬兰的 Linus Torvalds 为尝试在英特尔 x86 架构上提供自由的类 UNIX 操作系统而开发的。该计划开始于 1991 年，在该计划的早期有一些 Minix 黑客提供了协助，而如今全球无数程序员正在为该计划无偿提供帮助。

Linux 系统就是一个共享共赢的典型案例。"flexible. js"也是手机淘宝团队提供的免费共享库。

在学习工作中，也应具有共享共赢的精神，合作共享不但能促进个人进步，还能促进团队的共同提升。故步自封、闭门造车会降低个人与团队的工作效率。

【任务实施】

步骤与知识关联图如图 4-50 所示。

任务 4.6 任务实施（一）　　任务 4.6 任务实施（二）　　任务 4.6 任务实施（三）

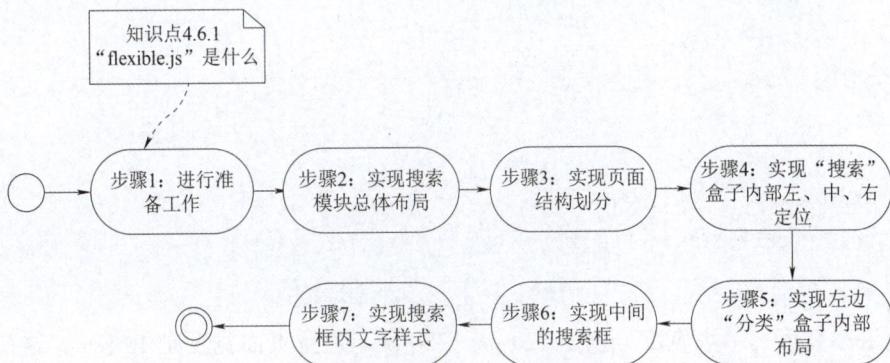

知识点4.6.1
"flexible.js" 是什么

步骤1：进行准备工作 → 步骤2：实现搜索模块总体布局 → 步骤3：实现页面结构划分 → 步骤4：实现"搜索"盒子内部左、中、右定位

步骤7：实现搜索框内文字样式 ← 步骤6：实现中间的搜索框 ← 步骤5：实现左边"分类"盒子内部布局

图 4-50 步骤与知识关联图

步骤 1： 进行准备工作。

（1）设置文件结构，如图 4-51 所示。

```
∨ SUNING2            ⬒  ⬒
  ∨ 🗂 css
       📃 index.css
       📃 normalize.css
  > 🖼 images
  ∨ 📁 js
       JS flexible.js
  > 📁 upload
       🔲 index.html
```

图 4-51 文件结构

（2）导入"flexible.js"。

"index.html"和以前一样，需要设置设备视口特性，引入移动端统一的样式库"normalize.css"，导入"index.css"作为页面样式，还需要导入下载的"flexible.js"，用来简化 rem 布局。

```
<meta name="viewport" content="width=device-width,user-scalable=no,
initial-scale=1.0,maximum-scale=1.0,minimum-scale=1.0" />

<link rel="stylesheet" href="css/normalize.css" />
```

```
<link rel="stylesheet" href="./css/index.css" />
<script src="./js/flexible.js"></script>
```

（3）在"css"文件夹中新建"index. less"文件，给 body 设置基本样式。

```
body {
    min-width:320 px;
    max-width:750 px;
    width:10 rem;
    margin:0 auto;
    line-height:1.5;
    font-family:Arial,Helvetica;
    background-color:#f2f2f2;
}
```

设置最小宽度、最大宽度分别是 320 px、750 px。设置页面宽度是 10 rem，这是因为当前页面的默认 html 元素的文字大小是浏览器窗口宽度的 1/10（反过来就是乘以 10），然后设置页面居中、行高、文字大小、背景颜色。

最后观察页面是否居中，宽度最大值是否是 750 px。

【多学一招】

在本任务中，body 命名高度是 0，但是发现#f2f2f2 颜色是充满整个浏览器窗口，而不是只填充 body 本身的大小。这是为什么？

浏览器会"吸收" html 与 body 的背景颜色。当只设置了 body 的背景颜色时，浏览器会把这个背景颜色"占为己有"。

如果 html 设置了背景颜色，浏览器则会认为 html 距离更近，因此会"拿走" html 的背景颜色当成自己的颜色。

因此，虽然 body 此时高度是 0，但是背景颜色充满整个浏览器窗口。

最后观察页面是否居中，宽度最大值是否是 750 px。

步骤 2：实现搜索模块总体布局。

在 HTML 中放入一个 div. search-box 用来存放搜索模块。

在 CSS 中设置固定定位，左右居中，设置高度为 750 px 和宽度为 88 px，以及背景颜色为#ffc001。

因为和之前的做法一致，所以这里不再赘述。

```
.search-box {
    position:fixed;
    top:0;
    left:50%;
    transform:translateX(-50%);
    width:10 rem;
```

```
    height:1.173 3 rem;
    background-color:#ffc001;
}
```

搜索模块在浏览器窗口宽度小于 750 px 时是正常的，可是在浏览器窗口宽度大于 750 px 时搜索模块尺寸发生了错误，如图 4-52 所示。

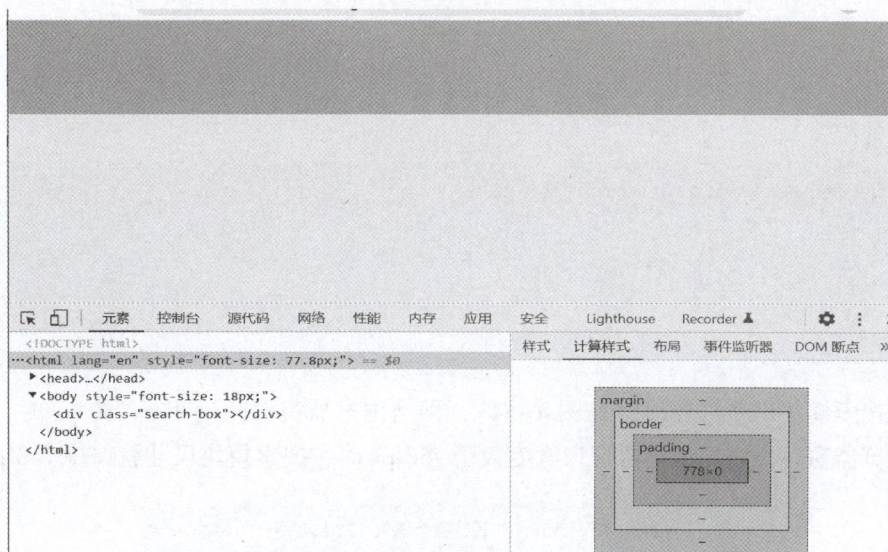

图 4-52　浏览器窗口宽度大于 750 px 时的搜索模块尺寸

例如当浏览器窗口宽度是 778 px 时，搜索模块尺寸并不是设想的 750 px，而是占满整个浏览器窗口，也就是 778 px。

原因在于：html 的标签中有行内样式"font-size：77.8 px"，而不是设想的 75 px，因为这里的 1 rem 就是 778 px/10 得到的。

因此，需要进行设置，当浏览器窗口宽度超过 750 px 时，就按照 750 px 计算。可以通过下列 CSS 语句配置 CSS 基准文字尺寸。

```
@ media screen and(min-width:750 px){
    html {
        font-size:75 px;
    }
}
```

效果如图 4-53 所示。

经过开发者工具调试，发现 html 的 font-size 还是 77.8 px，这是因为 JS 文件中设置的文字大小权重更高。可以通过 important 关键字提高代码的权重。

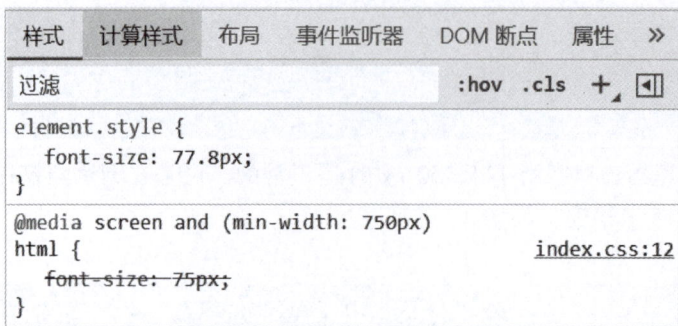

图 4-53 修改配置之后的效果

```
@ media screen and(min-width:750 px){
    html {
        font-size:75 px! important;
    }
}
```

现在搜索模块尺寸符合预期（图 4-54），即当浏览器窗口宽度小于 750 px 时，搜索模块占满浏览器窗口，而当浏览器窗口宽度大于 750 px 时，搜索模块尺寸就保持 750 px。

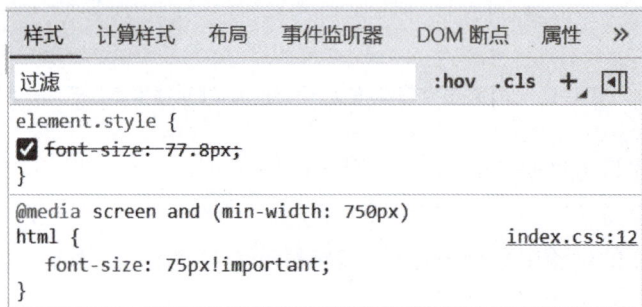

图 4-54 最终的页面文字体展示

步骤 3：实现页面结构划分。

.search-box 盒子包含左边"分类"盒子、右边"登录"盒子，还有中间的"搜索"盒子。

```
<div class="search-box">
    <a href="#" class="classes"></a>
    <div class="search"></div>
    <a href="#" class="login"></a>
</div>
```

为父元素 .search-box 添加弹性盒子设置。

```
display:flex;
```

步骤 4：实现"搜索"盒子内部左、中、右定位。

左边的"分类"盒子（图4-55）测量出的大小是 44 px×70 px，它的上、下、左、右都有 margin，通过测量，上、右、下、左分别是 11 px、25 px、7 px、24 px，转换成 rem 单位之后代码如下。

图 4-55 "分类"盒子效果

```
.classes{
    width:(44 rem /@ baseFont);
    height:(70 rem /@ baseFont);
    margin:(11 rem /@ baseFont)(25 rem /@ baseFont)(7 rem /@ baseFont)(24 rem /@ baseFont);
    background-color:pink;
}
```

该处的代码直接写出了公式，在参考的时候直接写"width:44 px"，然后由插件自动转换成 rem 单位（前提是插件的 Root Font Size 已经设置为网页设计图宽度的 1/10）。

右边的"登录"盒子的设计方法类似，这里直接给出代码。

```
.login {
    width:(75 rem /@ baseFont);
    height:(70 rem /@ baseFont);
    line-height:(70 rem /@ baseFont);
    margin:(10 rem /@ baseFont);
    font-size:(25 rem /@ baseFont);
    background-color:pink;
}
```

对于中间的"搜索"盒子，只需进行如下设置。

```
.search{
    flex:1;
    background-color:green;
}
```

效果如图 4-56 所示。

图 4-56 步骤 4 效果

步骤 5：实现左边"分类"盒子内部布局。

左边"分类"盒子的大小和位置已经设置好，只需要使用一个背景图就可以实现，但是要注意，"分类"盒子是缩放的，所以背景图也必须是缩放的。

```
background:url(../images/classify.png);
background-size:(44 rem /@ baseFont)  (70 rem /@ baseFont);
```

还可以使背景图小于等于它的盒子，效果也是一样的，如图 4-57 所示。

```
background-size:contain;
```

图 4-57　左边"分类"盒子效果

下面实现右边"登录"盒子内部布局。

右边"登录"盒子中是文字，通过测量文字大小是 25 px，文字水平和垂直居中。

```
height:(70 rem /@ baseFont);
line-height:(70 rem /@ baseFont);
font-size:(25 rem /@ baseFont);
text-align:center;
color:#fff;
```

最后可以为超链接去掉下划线。

```
a {
    text-decoration:none;
}
```

效果如图 4-58 所示。

图 4-58　步骤 5 效果

步骤 6：实现中间的搜索框。

中间区域是一个文本框，距离上边 12 px，高度是 66 px，具有圆角边框，有背景颜色 #FFF2CC。

页面结构如下。

```
<div class="search">
  <form action="">
```

```
        <input type="text" />
    </form>
</div>
Less 设置
.search{
    flex:1;
    input {
        border:0;
        width:100%;
        height:(66 rem /@ baseFont);
        border-radius:(33 rem /@ baseFont);
        background-color:#FFF2CC;
        margin-top:(12 rem /@ baseFont);
    }
}
```

效果如图 4-59 所示。

图 4-59　步骤 6 效果

步骤 7：实现搜索框内文字样式。

当在搜索框内输入文字时，会发现搜索框出现图 4-60 所示效果。

图 4-60　搜索框效果

搜索框出现了边框，文字大小、文字颜色也需要修改。

```
outline:none;//在单击搜索框时去掉边框。
font-size:(25 rem /@ baseFont);
padding-left:(55 rem /@ baseFont);
color:#757575;
box-sizing:border-box;//否则 width:100%,再加上 padding-left,搜索框会比父元素长
```

效果如图 4-61 所示。

图 4-61　步骤 7 效果

【评估总结】

进行任务实施评估，完成表 4-33。

表 4-33　任务实施评估

观察项	评价
是否完成小组任务分配	
网页结构是否合理	
页面外观是否和效果图一致	
页面中的文字是否随着浏览器窗口的缩放而缩放	
是否使用了"flexible.js"适配方案	

回顾本任务所学知识，完成表 4-34。

表 4-34　知识回顾

观察项	评价
"flexible.js"是什么？	
"flexible.js"的功能是什么？	
将"flexible.js"的 rem 适配方案和之前的原生 rem 适配方案比较	
使用"flexible.js"的优势是什么？	

项目 5

企业门户网站Web设计
（BootStrap应用）

【项目介绍】

本项目介绍响应式布局方式，该方式强调"一次开发，多端运行"，即只开发一次页面，页面可以根据各种屏幕的尺寸（从 PC 端屏幕到移动端屏幕），调整自己的布局方式（图 5-1）。

本项目先介绍响应式布局基础，再使用 BootStrap 建立一个企业门户网站首页，如图 5-2、图 5-3 所示。

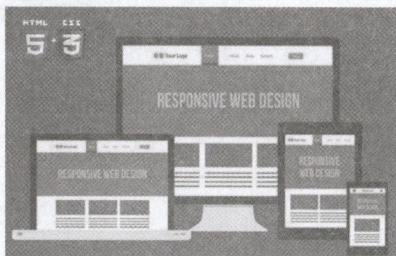

图 5-1　一次开发、多端运行

图 5-2　企业网站首页 PC 端效果

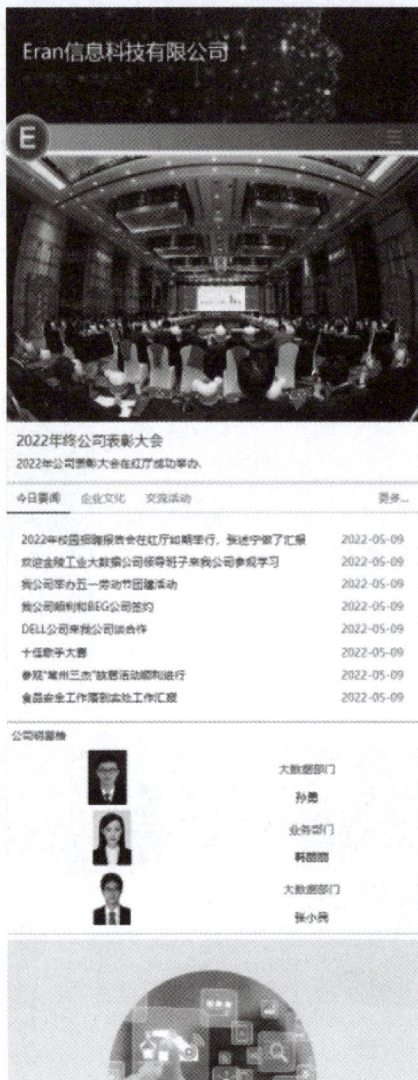

图 5-3　企业网站首页移动端效果

【四维目标】

工程维度

（1）能用软件工程思想管理软件开发过程。

（2）能使用网页框图设计工具。

（3）能对代码进行规范化与注释。

（4）能对软件开发过程进行文档总结和展示。

（5）具备资料整理、分类总结的能力。

（6）遵守软件开发的行业规范。

技能维度

（1）了解 BootStrap 的应用场合，会下载和使用 BootStrap。

（2）能使用 BootStrap 栅格系统布局页面。

（3）掌握 BootStrap 中的 CSS 类别：文字排版、颜色、图片修饰、边框、高度与宽度、间距。

（4）了解 BootStrap 的定制方法。

（5）掌握 BootStrap 组件、插件的使用方法。

（6）掌握 BootStrap 的弹性布局工具的使用方法。

知识维度

本项目的知识维度如图 5-4 所示。

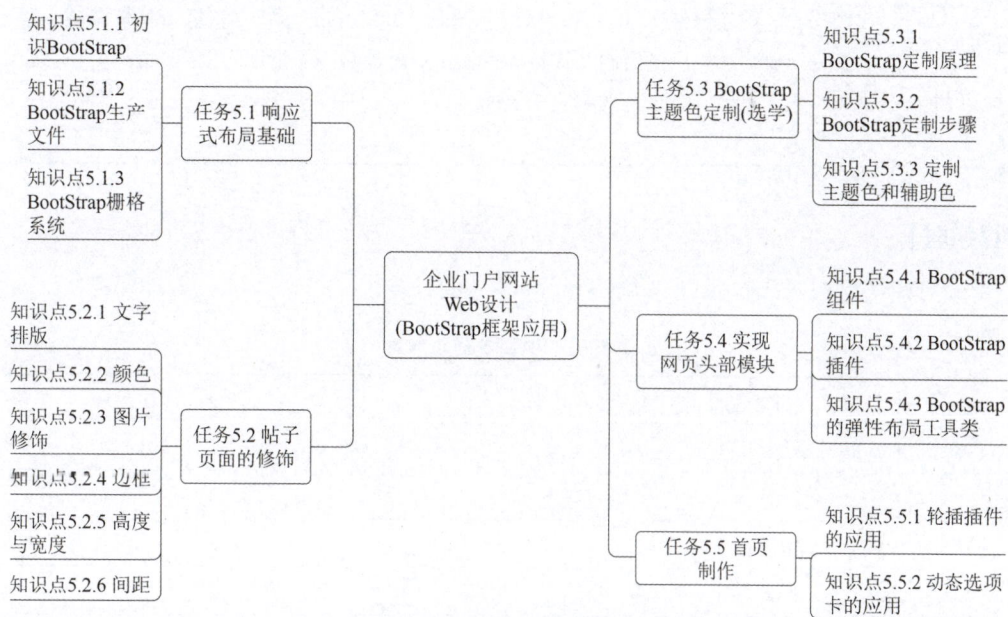

图 5-4　项目 5 的知识维度

素质维度

（1）明白"集百家之长，成一家之言"。

（2）了解页面的布局之美。

（3）不迷信框架。

（4）了解独立与合作的关系。

【学习要求】

（1）课前了解"学习目标"，完成"任务发布""资讯收集"和"任务分析"部分的内容。

（2）课中带着问题跟随老师完成"知识储备"部分的学习。

（3）课中/ 课后根据操作视频或自行完成"任务实施"的内容。

（4）课中以组内或组间或教师点评的形式完成"评估总结"的内容。

【1+X 证书考点】

Web 前端开发职业技能等级要求（中级）见表 5-1。

表 5-1 Web 前端开发职业技能等级要求（中级）

Web 前端开发职业技能等级证书（中级）			
工作领域	职业技能	技能要求	知识要求
2.4 移动端静态网页开发	2.4.4 能使用 BootStrap 前端框架开发网页	2.4.4.S6 能使用 BootStrap 栅格系统、基本样式、组件、LESS 和 SASS、插件，Bootstrap 定制及优化，Bootstrap 内核解码开发响应式页面	2.4.4.K4 掌握 BootStrap 布局、组件、基本样式、插件、组件的使用方法

【建议学时】

本项目建议学时见表 5-2。

表 5-2 项目 5 建议学时

任务	学时
任务 5.1	1
任务 5.2	2
任务 5.3	2
任务 5.4	2
任务 5.5	3

任务 5.1 响应式布局基础

【任务发布】

Web 前端开发分为 PC 端开发和移动端开发。对于较复杂的网端，例如淘宝网、京东商城、携程网，都是采取分别开发 PC 端和移动端页面的做法。这样可以根据不同的界面尺寸，开发出美观、友好的页面，如图 5-5、图 5-6 所示。

但是，有时对网页的外观没有特别详细的设计图，只有内容要求和外观的基本要求，例如为企业定制门户网站。

图 5-5　淘宝网首页 PC 端效果

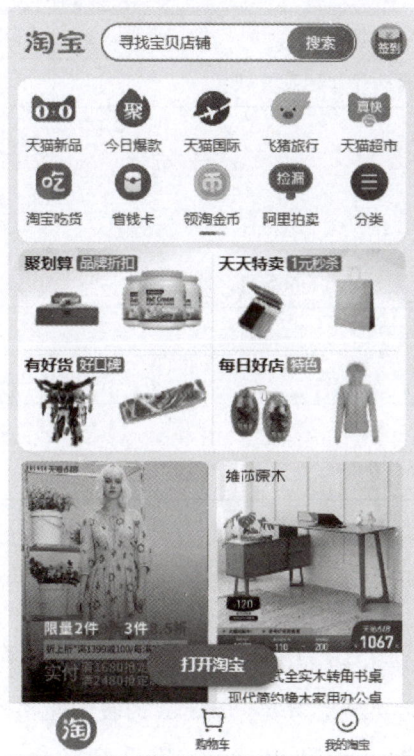

图 5-6　淘宝网首页移动端效果

　　企业门户网站的主要作用是宣传、介绍企业产品，展示企业文化，公开招聘信息；员工进系统可以对个人信息进行管理，查看工作通知，查看个人帖子；管理员可以进行帖子管理、通知管理和员工管理。要求在 PC 端和移动端都可以浏览网页。

　　由于对外观细节没有具体的设计图，所以可以只通过框图架构、主题色设置进行网页设计，网页设计要求如图 5-7 所示。

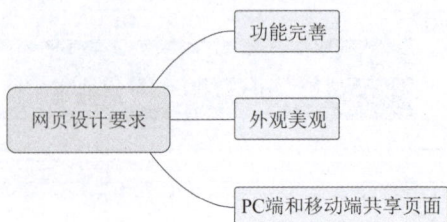

图 5-7　网页设计需求

【资讯收集】

收集相关资讯，完成表 5-3。

表 5-3　资讯收集

观察项	结论
Web 前端开发分为哪两类？	
移动端和 PC 端同时开发有什么好处？	
为什么之前的 3 个项目都采用端动独立开发方式？	

【任务分析】

进行任务分析，完成表 5-4。

表 5-4　任务分析

观察项	结论
什么是响应式布局？	
响应式布局的使用场合是什么？	
使用 BootStrap 有什么好处？	

素质小站：集百家之长，成一家之言

Vue 是一款用于构建用户界面的 JS 框架，它主要帮助前端维护数据，分离页面外观与数据内容。Element 是一个 UI 框架，它基于 Vue，帮助前端实现快速外观设计。

Vue 的创造者是江苏无锡的尤雨溪，该框架的技术生态在全球持续蓬勃发展，与之配合的 UI 框架，例如 Element、Vant 是由"饿了么"和"有赞"公司负责维护。

尤雨溪在分享经验时表示，他从 Angular 框架中吸取一定的经验，自己建立一个轻巧的库，取名为"Vue"，用了一段时间之后，在 2013 年，Vue 被分享到 Github（一个面向开源及私有软件项目的托管平台），他一个星期之内收获了好几百个小星星，整个人都激动坏了！

司马迁在《报任安书》说："欲以究天人之际，集百家之长，成一家之言。"今天的尤雨溪不就是这句话践行者吗？

【知识储备】

任务 5.1　知识储备（一）　任务 5.1　知识储备（二）　任务 5.1　知识储备（三）　任务 5.1　知识储备（四）

知识点 5.1.1　初识 BootStrap

　　BootStrap 是美国 Twitter 公司开发的基于 HTML、CSS、JavaScript 的简洁、直观、强悍的前端开发框架，它使 Web 开发更加快捷。BootStrap 是一套用于 HTML、CSS 和 JavaScript 开发的开源工具集。

　　（1）CSS。BootStrap 自带以下特性：全局的 CSS 设置、定义基本的 HTML 元素样式、可扩展的 class 属性，以及一个先进的网格系统。例如，使用了 BootStrap 之后，一级标题和超链接就不再是 HTML 原生的超链接的样式。

　　（2）组件。BootStrap 包含十几个可重用的组件，用于创建图像、下拉菜单、导航、警告框、弹出框等。它们由 HTML 结构代码和相应的样式控制 CSS 代码组成。

　　（3）JS 插件：BootStrap 包含十几个自定义的 JS 插件。它们由 HTML 结构代码、相应的样式控制 CSS 代码以及相关的 JS 代码共同组成，例如旋转木马插件。

　　BootStrap 是全球最受欢迎的前端组件库，用于开发响应式布局、移动设备优先的 Web 项目。响应式布局是指一次开发，页面自适应不同宽度的屏幕，包含超大屏幕、PC 屏幕、平板电脑屏幕和智能手机屏幕。移动端优先是指在构建网站时应该首先考虑移动端页面的外观，然后着手为更大尺寸的屏幕设计页面。

　　BootStrap 的应用场合如下。

　　（1）快速搭建网页功能框架，例如网页"左中右"布局、导航、表单、轮播广告、切换卡片等。

　　（2）快速实现响应式布局，只需要一次设计就可以得到 PC 端和移动端的自适应布局结果（图 5-8、图 5-9）。

　　可以通过 BootStrap 中文学习网站（https://www.bootcss.com/）进行学习，还可以通过 BootStrap 5 菜鸟教程（https://www.runoob.com/bootstrap5/bootstrap5-tutorial.html）进行学习。

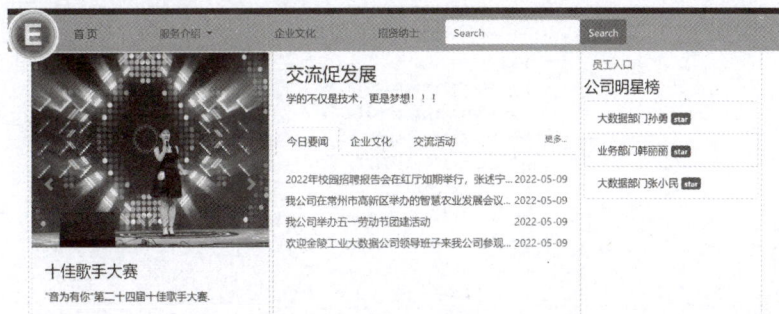

图 5-8　PC 端页面效果

图 5-9　移动端页面效果

知识点 5.1.2　BootStrap 生产文件

下载 BootStrap 以获得编译后的 CSS 和 JS 文件、源码。可以直接下载 BootStrap 生产文件。图 5-10 所示是 BootStrap 生产文件目录。

```
bootstrap/
├── css/
│   ├── bootstrap-grid.css
│   ├── bootstrap-grid.css.map
│   ├── bootstrap-grid.min.css
│   ├── bootstrap-grid.min.css.map
│   ├── bootstrap-reboot.css
│   ├── bootstrap-reboot.css.map
│   ├── bootstrap-reboot.min.css
│   ├── bootstrap-reboot.min.css.map
│   ├── bootstrap.css
│   ├── bootstrap.css.map
│   ├── bootstrap.min.css
│   └── bootstrap.min.css.map
└── js/
    ├── bootstrap.bundle.js
    ├── bootstrap.bundle.js.map
    ├── bootstrap.bundle.min.js
    ├── bootstrap.bundle.min.js.map
    ├── bootstrap.js
    ├── bootstrap.js.map
    ├── bootstrap.min.js
    └── bootstrap.min.js.map
```

图 5-10　BootStrap 生产文件目录

"．min" 文件是压缩文件；"．map" 文件是映射文件，它对源文件和其压缩文件相应的位置加以映射，帮助用户在调试时找到源代码。"．min" 文件和 "．map" 文件的关系如图 5-11 所示。

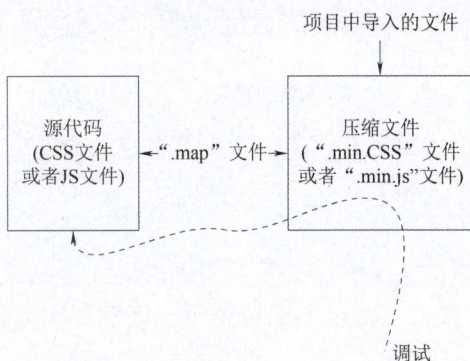

图 5-11　"．min" 文件和 "．map" 文件的关系

"css" 文件夹中 3 类文件的作用，见表 5-5。

表 5-5　"css" 文件夹中 3 类文件的作用

文件	含义
bootstrap-grid	bootstrap-grid 表示栅格系统（BootStrap 的布局方式）的样式表
bootstrap-reboot	bootstrap-reboot 表示重置样式，以便于在一个 "清零" 的网页上实现样式。例如，段落标签在不同的浏览器上，外边距不同，就先让外边距都为 0（margin：0），以便于后续重新设置外边距，这就叫作 "清零"
bootstrap	包含所有 BootStrap 样式

前两种 CSS 文件是为了提供 BootStrap 的一部分内容给开发者，他们不需要所有 BootStrap 样式，只需要使用其中的栅格系统，或者只需要使用 "清零" 样式表。

"js" 文件夹中 3 类文件的作用，见表 5-6。

表 5-6　"js" 文件夹中 3 类文件的作用

文件	含义
bootstrap．bundle	"popper．min．js" 用于设置弹窗、提示、下拉菜单，是第三方插件，目前 "bootstrap．bundle．min．js" 已经包含了 "popper．min．js"，BootStarp 4 的 "js" 文件夹只引用 "bootstrap．bundle．min．js"
bootstrap	含有 BootStrap 大部分插件所使用的 JS 代码

如果插件使用了 "popper．min．js" 所涉及的代码，就需要引入 "bootstrap．bundle．min．js"。值得注意的是，BootStrap 2～4 版本的 "bootstrap．js" 代码使用了 jQuery，因此在引入 "bootstrap．js" 之前应该引入 "jquery．js"。而 BootStrap 5 不基于 jQuery，因此不需要另外引入 jQuery 的库文件。

综上所述，如果需要使用 BootStrap，则需要在项目中引入 "bootstrap. min. css" "jquery. js" 和 "bootstrap. min. js"。下面给出使用 BootStrap 的方法。

```
<! --新 Bootstrap 核心 CSS 文件 -->
<link rel="stylesheet" href="css/bootstrap.min.css">


<! -- jQuery 文件。BootStrap 2~4 需要, 务必在"bootstrap.min.js"之前引入 -->
<script src="js/jquery.min.js"></script>


<! -- 最新的 BootStrap 核心 JS 文件 -->
<script src="js/bootstrap.min.js"></script>
```

【注意】如果需要设置弹窗、提示、下拉菜单，则需要引入 "bootstrap. bundle. min. js" 以代替 "bootstrap. min. js"。

知识点 5.1.3　BootStrap 栅格系统

布局是网页制作中的最重要的任务。因此，学习 BootStrap 也需要从了解它的布局系统开始。

BootStrap 所提供的布局系统就是栅格系统。日常所见的栅格可以将空间划分成若干列，如图 5-12 所示。在原生的网页布局中，常见 "左右" 划分和 "左中右" 划分，如图 5-13 所示，它们都使用流式布局或者弹性布局。

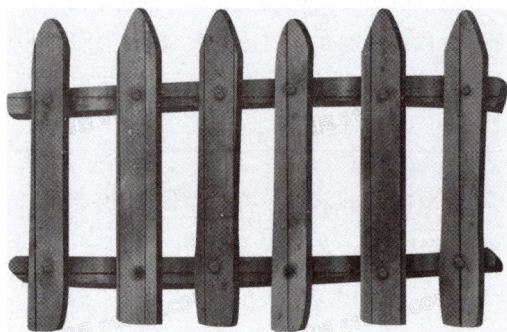

图 5-12　现实中的栅格

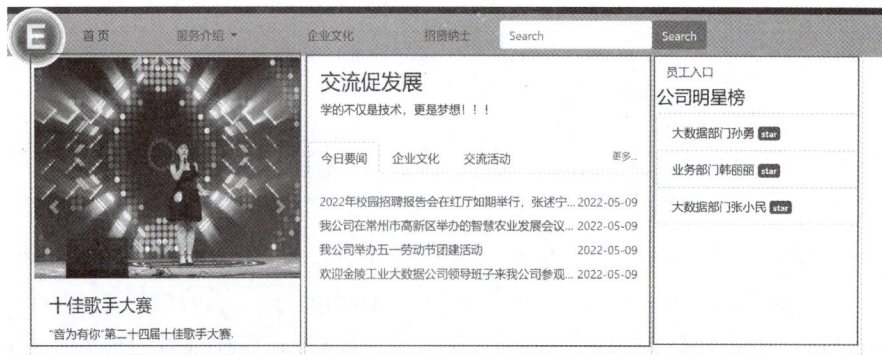

图 5-13　网页中的 "栅格"

BoosStrap 5 提供了更为便利的布局系统，即栅格系统。其本质也是弹性布局，但是框架对 CSS 代码进行了封装，使用时不需要开发者自己编写弹性布局代码，只需要提供类名，提高了开发速度。

1. 布局容器

BootStrap 需要一个容器元素来包裹网站的内容。

可以使用以下两个容器类（图 5-14）。

（1）.container 类用于固定宽度并支持响应式布局的容器。

（2）.container-fluid 类用于 100% 宽度、占据全部视口（viewport）的容器。

图 5-14　两个容器类示意

2. 栅格

如果需要将 1 行分成 2 列，比例为 1∶1（图 5-15），则使用 BootStrap 栅格系统如何实现？

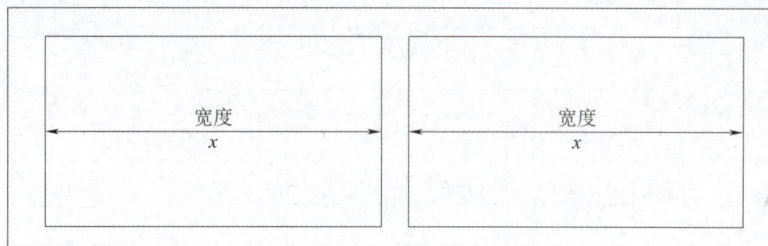

图 5-15　需要实现的网页栅格

BootStrap 栅格系统规则如下。

（1）使用容器（.container 或者 .container-fluid）包含行（.row），行包含列（.col）。

（2）1 行最多分成 12 列，例如 .col-6 表示该列在一行的总宽度中占 6/12（图 5-16）。

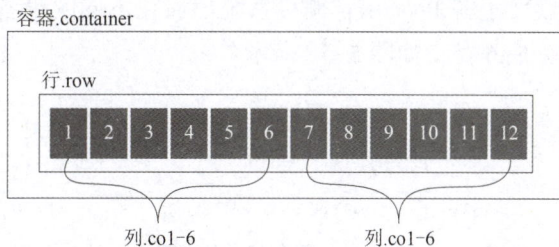

图 5-16　使用栅格系统的容器

因此，实现 1∶1 栅格的代码如下。

```
<div class="container">
    <div class="row">
        <div class="col-6">6</div>
        <div class="col-6">6</div>
    </div>
</div>
```

【分析】因为想实现 1∶1 的布局，所以把 1 行的 12 份分成 6 份∶6 份，列的类名为 ".col-6"。如果有 4 列，就会从第 3 列开始换行。

3. 栅格系统的响应性

某模块在手机屏幕中呈现 2 列 1 行的布局，希望它在 PC 屏幕中变成 4 列 1 行的布局（因为 PC 屏幕较宽，这样更加合理），如图 5-17 所示。

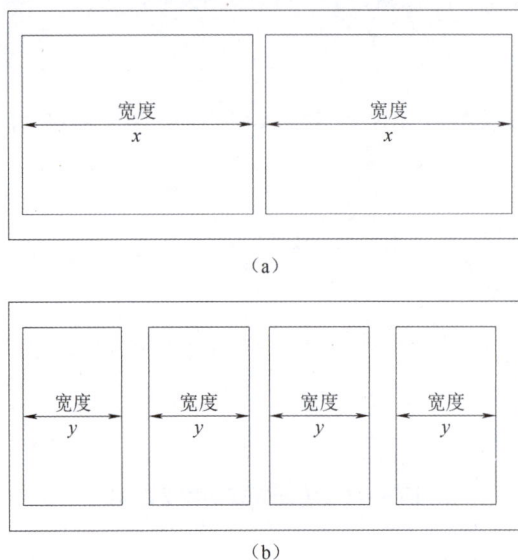

（a）

（b）

图 5-17　不同屏幕中的布局要求

（a）手机屏幕；（b）PC 屏幕

要解决这个问题，就要了解 BootStrap 栅格系统如何在不同的设备中工作。栅格系统根据屏幕宽度，将屏幕划分成 6 类，如图 5-18 所示。

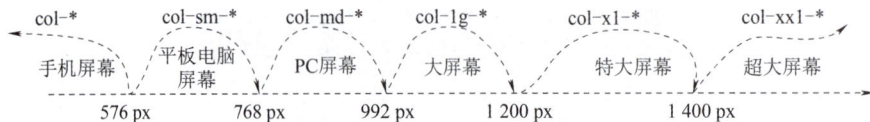

图 5-18　屏幕尺寸的分类

在进行响应式布局时，先考虑小尺寸屏幕，再考虑大尺寸屏幕。col-6 表示屏幕宽度从最小 0 px（当然不可能）到 575 px 时，该列占 6 px，也就是屏幕宽度的一半（6/12）；从

576 px 到 767 px，如果没有特别强调，则延续占 6 px；从 768 px 到 991 px，col-md-3 表示该列占 3 px，也就是屏幕宽度的四分之一（3/12）；从 992 px 到 1 199 px，以及 1 200 px 以上，再到 1 400 px 以上，如果没有单独设置，都是延续占四分之一，如图 5-19 所示。

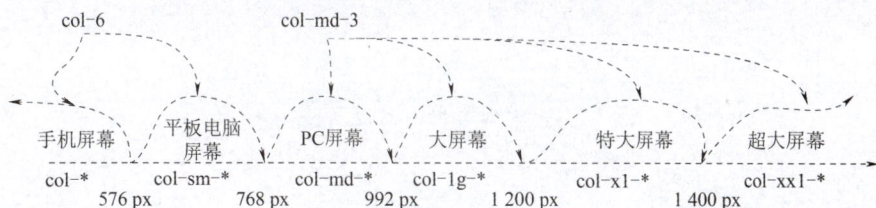

图 5-19　响应式布局需求示意

可以将前面代码中的"<div class='col-6'></div>"改为"<div class='col-6 col-md-3'></div>"，可以发现手机屏幕和平板电脑屏幕中（0~767 px），呈现 1 行 2 列布局，而在更大的屏幕中，呈现 1 行 4 列布局。

【任务实施】

步骤与知识关联图如图 5-20 所示。

任务 5.1　任务实施

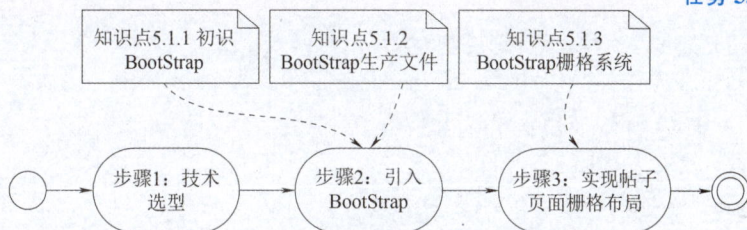

图 5-20　步骤与知识关联图

步骤 1：技术选型。

进行"Eran 信息科技有限公司"企业门户网站设计，给出网站的基本框架结构，因为没有具体的网页设计图，所以需要自行设计网页外观。开发特点总结如下。

（1）实现如图 5-21 所示的网站框架结构。

（2）外观简洁大方，能自适应各种屏幕尺寸。

根据具体的需求分析，进行技术选型。单独开发移动端网站成本较高，而响应式布局可以满足任务需求，因此采取响应式框架 BootStrap，其目前版本是 5。

因为没有详细的外观方案，所以可以参考类似网站的布局方案，再画出设计草图（对具体的尺寸精度要求不高）。

步骤 2：引入 BootStrap。

引入 BootStrap 有两种方式

（1）直接引入外部文件。

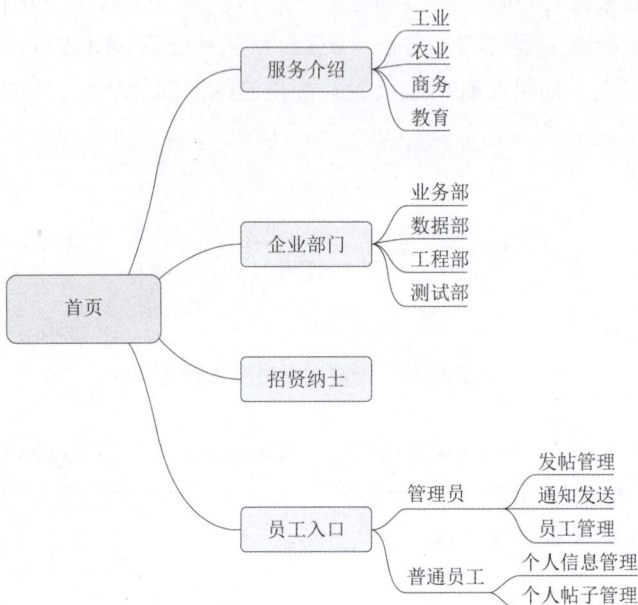

图 5-21　网页框架结构

```
<! --新 BootStrap 5 核心 CSS 文件 -->
<link rel = "stylesheet" href = "https://cdn.staticfile.org/twitter-bootstrap/
5.1.1/css/bootstrap.min.css">


<! -- "popper.min.js"用于弹窗、提示、下拉菜单 -->
<script src="https://cdn.staticfile.org/popper.js/2.9.3/umd/popper.min.js">
</script>


<! -- 最新的 BootStrap 5 核心 JS 文件 -->
< script  src = " https://cdn.staticfile.org/ twitter - bootstrap/5.1.1/js/
bootstrap.min.js"></script>
```

【备注】以上网址是此书编写时候的 CDN 提供的 BootStrap 5 的链接地址，后续可能发生变化，读者可以从学习网站上获得最新的地址。

也可以直接引入"bootstrap. bundle. min. js"，因为它在"bootstrap. min. js"的基础上包含了"popper. min. js"。

```
<! --最新的 BootStrap 5 核心 JS 文件,包含了"popper.min.js"的内容 -->
< script  src = " https://cdn.staticfile.org/ twitter - bootstrap/5.1.1/js/
bootstrap.bundle.min.js"></script>
```

（2）下载 BootStrap 生产文件到本地，然后在网页中以上面的方式引入本地文件。

最后，为了通过 BootStrap 开发的网站对移动端友好，保证和屏幕宽度保持一致，并且不允许缩放，需要在网页的 head 中添加 viewport meta 标签。

```
<meta name="viewport" content="width=device-width,initial-scale=1,maximum-scale=1.0,
user-scalable=no">
```

步骤 3：实现帖子页面栅格布局。

由于首页比较复杂，所以先设计帖子页面的主体部分，帖子页面栅格布局如图 5-22 所示。

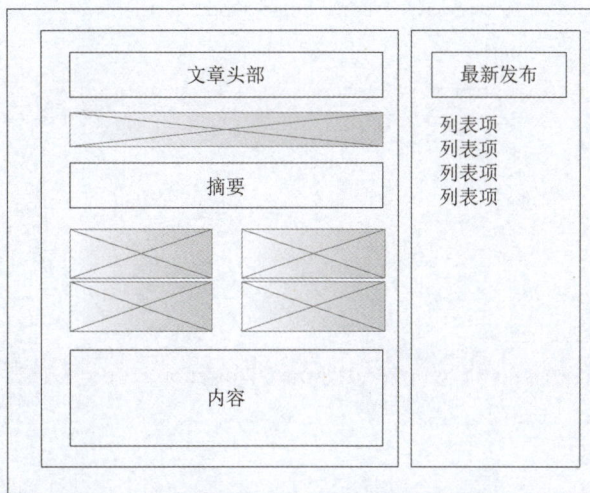

图 5-22　帖子页面栅格布局

（1）实现 9∶3 的栅格布局。

```
<div class="container">
    <div class="row">
        <div class="col-md-9">
            <article>
            </article>
        </div>
        <div class="col-md-3">
        </div>
    </div>
</div>
```

（2）实现左边 HTML 结构。

这里内容部分的 4 张图片的处理采用行嵌套的方式，即在外层的列中再包含层，层中再包含列，这是为了方便 4 张图片的响应式布局。实现代码后可以观察，在屏幕宽度小于 768 px 时，这 4 张图片从 2 个 1 行变成 1 个 1 行。

```html
<article>
    <header>
        <h3>标题</h3>
        <p>副标题</p>
        <p>作者、时间</p>
    </header>
        <!-- 主要图片 -->
        <figure>
          <img src="./upload/tiezi/top.jpg" alt="" />
        </figure>
        <p class="abstract">
            摘要
        </p>
        <!-- 嵌套的行 -->
        <div class="row">
            <div class="col-md-6">
                <figure>
                <img src="./upload/tiezi/person1.jpg" alt="" />
                </figure>
            </div>
            <div class="col-md-6">
                <figure>
                <img src="./upload/tiezi/person2.jpg" alt="" />
                </figure>
            </div>
            <div class="col-md-6">
                <figure>
                <img src="./upload/tiezi/person3.jpg" alt="" />
                </figure>
            </div>
            <div class="col-md-6">
                <figure>
                <img src="./upload/tiezi/person4.jpg" alt="" />
                </figure>
            </div>
        </div>
    <p>
        文章内容\
```

```
    </p>
</article>
```

（3）实现右边 ul 结构列表。

```
<h4>最新发布</h4>
<ul class="hot-list">
    <li><a href="#">交流参观促发展——我司…</a></li>
    <li><a href="#">交流参观促发展——我司…</a></li>
    <li><a href="#">交流参观促发展——我司…</a></li>
    <li><a href="#">交流参观促发展——我司…</a></li>
</ul>
```

（4）调整图片的宽高比为 10∶7，这样页面中图片看起来比较整齐。

最关键的代码是"padding-top:70%;"，这个百分比参考值是元素宽度，从而实现了 10∶7 的高宽比。

```
article figure {
position:relative;
width:100%;
padding-top:70%;
}
article figure img {
position:absolute;
top:0;
left:0;
width:100%;
height:100%;
}
```

【评估总结】

进行任务实施评估，完成表 5-7。

表 5-7　任务实施评估

任务 5.1　习题

观察项	回答
是否完成小组任务分配	
网站目录结构是否合理	
页面的 HTML 结构是否合理	

续表

观察项	回答
是否正确引入 BootStrap	
是否使用栅格系统实现了帖子页面的响应式布局	

回顾本任务所学知识，完成表5-8。

表5-8　知识回顾

观察项	回答
BootStrap 是什么？它有什么作用？	
BootStrap 是一套用于（ ）、（ ）和（ ）开发的开源工具集，就像搭建积木一样，开发者可以使用 BootStrap 较快地实现网页	
BootStrap 使用的是（ ）系统。该系统必须遵守（ ）包含（ ），（ ）包含（ ）的规则	
栅格布局可以将网页模块像分隔"栅栏"一样横向划分。简单说明如何实现 4∶8 的布局比例	
栅格布局可以实现不同屏幕的不同分布，例如可以实现手机屏幕中1个1行和平板电脑屏幕3个1行的灵活切换。说说这里所用的是什么技术原理	

任务 5.2　帖子页面的修饰

【任务发布】

帖子页面的主要内容已经完成，而且在 PC 端和移动端都可以实现合理的响应式布局。但是，帖子页面风格单调，没有吸引力，而通过编写 CSS 代码进行美化比较烦琐。BootStrap 提供了丰富的 CSS 类名，只要使用 BootStrap 所提供的类名，就可以快速地实现页面美化。

本任务使用 BootStrap 美化帖子页面，如图5-23所示。

【任务分析】

进行任务分析，完成表5-9。

图 5-23　帖子页面美化效果

表 5-9　任务分析

观察项	结论
BootStrap 的类名使用方法是什么？	
了解 BootStrap 的文字排版、颜色、图片修饰、边框、高/宽度和间距类名	

【初步思路】

小组进行讨论：根据经验，应该如何分步骤完成任务？将初步思路填入表 5-10。

表 5-10　初步思路

开发流程	待解决问题

素质小站：页面的布局之美

在数字化时代，网页布局已经成了一种独特而重要的艺术形式。页面的外观不仅反映设计者的审美，也给用户带来不同的体验，从而产生不同的经济影响。

实用的布局技巧如下。

（1）空白留白。和中国山水画中"留白"目的一样，适当的空白区域可以增加内容的可读性，使布局更加清晰、富有层次感。

（2）色彩运用。色彩是页面的重要元素，它能带来不同的情绪和意义，色彩的有效传达可以引起用户的共鸣。色彩还可以体现品牌特色，扩大品牌影响力。

（3）图片与排版。图片可以突出页面主体和内容，加强用户感知和吸引力。文字和图片的排列方式也直接影响页面的用户感受。

（4）导航与交互。良好的导航设计可以快速帮助用户找到所需信息，使网页使用更加快捷。在页面中合理使用图标、按钮、动画，有助于提高导航的吸引力。

综上，页面布局是一项重要的工作，不能将信息堆砌在页面中，应该通过参考、分析、评估等步骤确定页面布局。

【知识储备】

任务5.2 知识储备（一）　　　任务5.2 知识储备（二）

知识点 5.2.1　文字排版

1. 标题标签的重置

BootStrap 提供了 h1~h6 共 6 级标签，这 6 级标签的文字大小是和大部分浏览器的默认文字大小不一样的。在 PC 端，文字大小是 2.5 rem，而在移动端，则采取屏幕大小和 rem 大小综合控制方法。下面介绍下 BootStrap 的文字大小控制方法。

```
.h1,h1 {
    font-size:calc(1.375 rem + 1.5 vw);
}
@ media screen and(min-width:1200){
  h1,.h1 {
    font-size :2.5 rem;
    }
}
```

（1）1.375 rem 的含义。因为 BootStrap 5 的 font-size 默认值是 16 px，所以 1.375 rem 就

是 1.375×16 px。

（2）1.5 vw 的含义。vw 是 CSS3 的视口单位。1 vw 是视口宽度的 1%，因此 1.5 vw 就是视口宽度的 1.5%。

（3）calc 是计算的意思。将前两者相加，获得的文字大小既受默认文字大小的影响，又受到设备视口宽度的影响，设备视口越宽，则文字越大。

2. 文字排版常用类名

常用的文字排版类或标签见表 5-11。

表 5-11　常用的文字排版类或标签

类或标签	含义	示例
.lead	让段落更突出	这个段落更突出。 这是常规段落。
.small	指定更小文本（为父元素的 85%）	这个段落字体更小。 这是常规段落。
.mark	黄色背景及有一定的内边距	高亮 文本。
.text-start, .text-center, .text-end	左对齐、居中对齐、右对齐	左对齐 右对齐 居中对齐文本

3. 设置文字大小

BootStrap 提供了 5 个控制文字大小的类，分别是 fs-1、fs-2~fs-5。fs 表示该类设置的是 font-size 属性。数字越小，文字越大，文字大小的设置也是响应屏幕宽度的。在语义使用的标签和文字外观不统一时，可以使用这些类控制文字大小。

知识点 5.2.2　颜色

1. BootStrap 所提供的有意义的颜色

BootStrap 所提供的有意义的颜色见表 5-12。

表 5-12　BootStrap 所提供的有意义的颜色

颜色单词	含义	前景颜色	背景颜色
muted	柔和（浅色）	text-muted	
primary	重要（蓝色）	text-primary	bg-primary
success	成功（草绿）	text-success	bg-success
info	信息（浅蓝）	text-info	bg-info
warning	警告（橘黄）	text-warning	bg-warning
danger	危险（红色）	text-danger	bg-danger
secondary	附属（浅色）	text-secondary	bg-secondary
dark	深色（深灰）	text-dark	bg-dark
body	默认颜色（黑色）	text-body	—
light	浅色（非常浅的灰）	text-light	bg-light
white	白色	text-white	—

举例说明如下。

```
<p class="bg-secondary text-white">副标题背景颜色。</p>
<p class="bg-dark text-white">深灰背景颜色。</p>
```

以上代码的效果如图 5-24 所示。

图 5-24　两个段落的颜色效果

2. BootStrap 所提供的其他颜色

BootStrap 还提供了其他颜色，如图 5-25 所示。

例如，需要--bs-gray-200 这个颜色，在 CSS 中设置如下。

```
color:var(--bs-gray-200);
```

3. BootStrap 所提供的渐变颜色

BootStrap 还提供了渐变颜色。.bg-gradient 可以获得背景渐变，其代码如下。

```
.bg-gradient {
    background-image:var(--bs-gradient)!important;
}
```

--bs-gradient 的定义如下。

```
--bs-blue: #0d6efd;
--bs-indigo: #6610f2;
--bs-purple: #6f42c1;
--bs-pink: #d63384;
--bs-red: #dc3545;
--bs-orange: #fd7e14;
--bs-yellow: #ffc107;
--bs-green: #198754;
--bs-teal: #20c997;
--bs-cyan: #0dcaf0;
--bs-white: #fff;
--bs-gray: #6c757d;
--bs-gray-dark: #343a40;
--bs-gray-100: #f8f9fa;
--bs-gray-200: #e9ecef;
--bs-gray-300: #dee2e6;
--bs-gray-400: #ced4da;
--bs-gray-500: #adb5bd;
--bs-gray-600: #6c757d;
--bs-gray-700: #495057;
--bs-gray-800: #343a40;
--bs-gray-900: #212529;
--bs-primary: #0d6efd;
--bs-secondary: #6c757d;
--bs-success: #198754;
--bs-info: #0dcaf0;
--bs-warning: #ffc107;
--bs-danger: #dc3545;
--bs-light: #f8f9fa;
--bs-dark: #212529;
```

图 5-25　BootStrap 所提供的其他颜色

```
--bs-gradient:linear-gradient(180deg,rgba(255,255,255,0.15),
rgba(255,255,255,0));
```

因为透明度的值变化较小，所以渐变效果不太明显，如果希望渐变效果明显，则需要修改透明度的值。

例如：

```
<div class="my-bg bg-blue bg-gradient text-white">.bg-primary</div>
```

以上效果不明显，可以在 CSS 中增加如下代码。

```
.my-bg{
  --bs-gradient:linear-gradient(180deg,rgba(255,255,255,0.3),rgba(255,255,
255,0));
}
```

知识点 5.2.3　图片修饰

页面中往往有很多图片，如圆角图片、圆形图片、带点边距的图片。BootStrap 提供了丰富的图片修饰类，见表 5-13。

表 5-13　BootStrap 所提供的图片修饰类

类名	含义	示例
. rounded	圆角图片	
. rounded-circle	椭圆形图片	
. img-thumbnail	缩略图（带边框）	
. float-start、. float-end	左对齐、右对齐	
. mx-auto d-block （margin：auto； display：block）	居中	
img-fluid （max-width：100%； height：auto）	自适应父元素	

知识点 5.2.4　边框

边框的基本样式类为 .border，BootStrap 还提供了 .border-top、.border-bottom、.border-start（左边）、.border-end（右边）。不同边框的效果如图 5-26 所示。

图 5-26　不同边框的效果

图 5-26 所示效果对应代码如下。

```
<span class="border"></span>
<span class="border border-0"></span>
<br />
<span class="border border-top-0"></span>
<span class="border border-end-0"></span>
<span class="border border-bottom-0"></span>
<span class="border border-start-0"></span>
<br />
<span class="border-top"></span>
<span class="border-end"></span>
<span class="border-bottom"></span>
<span class="border-start"></span>
```

边框可以用 1~5 表示宽度，数字越大边框越粗。

```
<span class="border border-1"></span>
<span class="border border-2"></span>
<span class="border border-3"></span>
<span class="border border-4"></span>
<span class="border border-5"></span>
```

边框也可以设置颜色，和文字颜色、背景颜色类似。

```
<span class="border border-primary"></span>
<span class="border border-secondary"></span>
```

知识点 5.2.5　高度与宽度

宽度使用 w-*（.w-25,.w-50,.w-75,.w-100,.mw-auto,.mw-100）类设置。例如：

```
<div class="w-25bg-warning">宽度为 25%</div>
<div class="w-50 bg-warning">宽度为 50%</div>
<div class="w-75 bg-warning">宽度为 75%</div>
<div class="w-100 bg-warning">宽度为 100%</div>
<div class="w-auto bg-warning">自动设置宽度</div>
<div class="mw-100 bg-warning">最大宽度为 100%</div>
```

高度使用 h-*（.h-25,.h-50,.h-75,.h-100,.mh-auto,.mh-100）类设置。

知识点 5.2.6　间距

间距的公式如下。

```
{property}{sides}-{size}
```

例如，me-5 分成 "m" "e" 和 "5"，它们分别有什么含义？

（1）property 代表属性。

①m 用来设置 margin。

②p 用来设置 padding。

（2）sides 主要指方向。

①t 用来设置 margin-top 或 padding-top。

②b 用来设置 margin-bottom 或 padding-bottom。

③s（start）用来设置 margin-left 或 padding-left。

④e（end）用来设置 margin-right 或 padding-right。

⑤x（x 轴）用来设置 *-left 和 *-right。

⑥y（y 轴）用来设置 *-top 和 *-bottom。

⑦blank 用来设置元素在 4 个方向的 margin 或 padding。

（3）size 指边距的大小，$spacer 是变量，$spacer 的默认值是 16 px，熟悉源码之后可以自己定制。

①0——设置 margin 或 padding 为 0。

②1——设置 margin 或 padding 为 $spacer * .25。

③2——设置 margin 或 padding 为 $spacer * .5。

④3——设置 margin 或 padding 为 $spacer。

⑤4——设置 margin 或 padding 为 $spacer * 1.5。

⑥5——设置 margin 或 padding 为 $spacer * 3。

⑦auto——设置 margin 为 auto。

以下代码的效果如图 5-27 所示。

```
<div class="border border-2 p-2 me-5bg-secondary" style="width:
75 px; height:75 px">
```

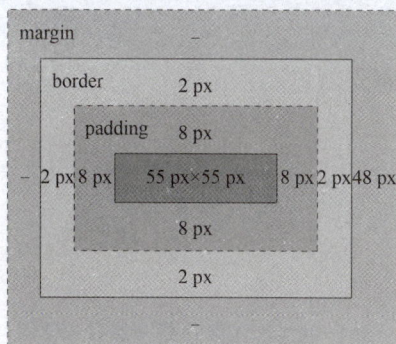

图 5-27　代码效果

请读者计算 $spacer 的值是多少。

【任务实施】

步骤与知识关联图如图 5-28 所示。

任务 5.2　任务实施

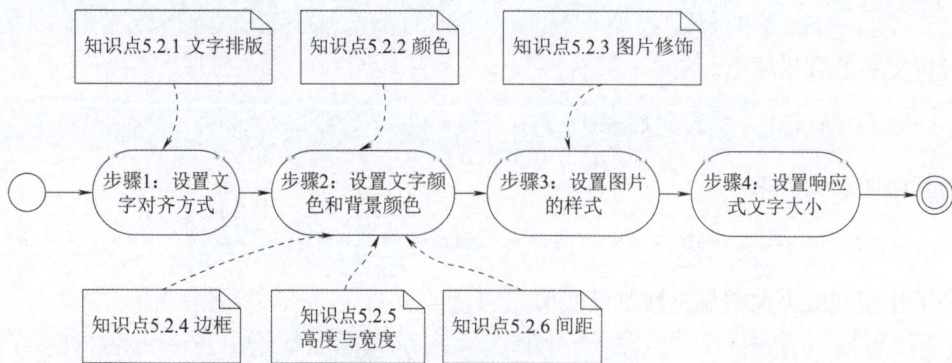

图 5-28　步骤与知识关联图

步骤 1：设置文字对齐方式。

实现图 5-29 所示的效果。

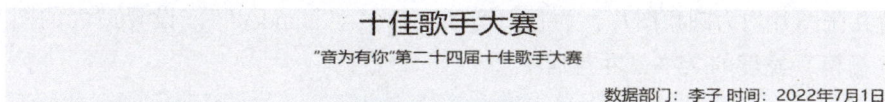

十佳歌手大赛
"音为有你"第二十四届十佳歌手大赛

数据部门：李子　时间：2022年7月1日

图 5-29　文字对齐效果

```
<header>
    <h3 class="text-center">十佳歌手大赛</h3>
    <p class="text-center">"音为有你"第二十四届十佳歌手大赛</p>
    <p class="text-end">数据部门:李子 时间:2022 年 7 月 1 日</p>
</header>
```

步骤 2：设置文字颜色和背景颜色。

实现图 5-30 所示的效果。

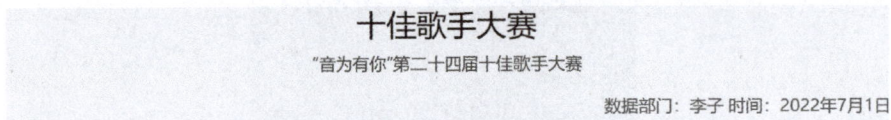

十佳歌手大赛

"音为有你"第二十四届十佳歌手大赛

数据部门：李子 时间：2022年7月1日

图 5-30 文字颜色和背景颜色效果

设置主标题文字大一些，副标题和作者、日期文字颜色柔和一些。

```
<header>
    <h3 class="text-center fs-1">十佳歌手大赛</h3>
    <p class="text-center text-muted">"音为有你" ……</p>
    <p class="text-end text-muted">数据部门:李子 时间：……</p>
</header>
```

设置文章的背景颜色。

```
<div class="col-md-9bg-light">...</div>
```

为其增加渐变效果。

```
<div class="col-md-9bg-light  bg-gradient">
```

为了让渐变效果稍明显，修改渐变值。

```
body {
    --bs-gradient:linear-gradient(180deg,rgba(255,255,255,0.3),rgba(255,255,255,0));
}
```

步骤 3：设置图片的样式 。

设置几张图片均为圆角图片，为它们增加 " class = ' rounded' "。设置最大的图片宽度为父元素（栅格）宽度的 75%，并且居中。

```
<figure class="w-75 mx-auto">
    <img class="rounded" src="top.jpg" alt="" />
</figure>
```

修改之后，为了保持图片的比例为 10：7（为每张图片都规定这个比例），修改之前的

CSS 代码。高度不再是父元素宽度的 70%，而是父元素宽度的 75% 的 70%，即父元素宽度的 52.5%。为了防止图片变形，增加 "object-fit:cover;"。

```css
figure{
  /*width:100% ;*/
  /*0.75*0.7=52.5*/
  height:52.5% ;
}
figure img{
  object-fit:cover;
}
```

步骤 4：设置响应式文字大小。

观察发现网页普通文本文字大小是 16 px，无论是移动端还是 PC 端，都会导致文字显示太大。可以通过媒体查询技术重新设置网页的根元素的文字大小。

首先，设置一个控制根元素 font-size 大小的 CSS 文件（"rem. css"），内容如下。

```css
html {
    font-size:11 px;
}

@ media screen and(min-width:576 px){
   html {
       font-size:11 px;
   }
}

@ media screen and(min-width:768 px){
   html {
       font-size:12 px;
   }
}

@ media screen and(min-width:992 px){
   html {
       font-size:14 px;
   }
}

@ media screen and(min-width:1200 px){
```

```
     html {
          font-size:18 px;
     }
}

@ media screen and(min-width:1400 px){
     html {
          font-size:20 px;
     }
}
```

然后，在 "tiezi. html" 文件对应的 CSS 文件（"tiezi. css"）中导入上述文件。

```
@ import "../rem.css";
```

经过观察，发现在文字变小了，实现了响应式文字大小。

【评估总结】

进行任务实施评估，完成表 5-14。

任务5.2　习题

表 5-14　任务实施评估

观察项	评价
是否完成小组任务分配	
网站目录结构是否合理	
页面的 HTML 结构是否合理	
是否正确引入 BootStrap	
是否使用 BootStrap 的 CSS 类名美化了页面	

回顾本任务所学知识，完成表 5-15。

表 5-15　知识回顾

观察项	回答
对于多级标题的设置，BootStrap 采用了 rem 单位和 vw 单位的叠加使用，目的是实现标题相对屏幕大小的响应。屏幕越大，各级标题表现得越大。1 rem＝（　），1 vw＝（　）	
可以通过 . lead、. small、. mark 对文字内容进行修饰，请说出它们的含义	
可以通过 . text-start、. text-center、. text-end 实现文字的什么排列？	
BootStrap 提供了有意义的颜色，如 primary、secondary、success、warning，它们分别有什么含义？	
除了有意义的颜色，BootStrap 还提供了其他颜色，如何才能看到 BootStrap 提供的其他颜色（例如--bs-gray-300）？	

续表

观察项	回答
默认的渐变效果也许不符合需要，应该如何改变渐变效果？	
BootStrap 提供了图片修饰类、边框修饰类和间距修饰类，说一说这些类分别有哪些	

任务 5.3　BootStrap 主题色定制（选学）

【任务发布】

　　颜色是网页是否有吸引力、和谐友好的重要指标。一般来说需要根据人文含义为网页设置主题色。BootStrap 提供了主题色 "primary"（蓝色），也提供了辅助色（灰色）。那么使用 BootStrap 设计的网页颜色是否都以这两种颜色为主？当然不是，可以根据需要定制主题色。

　　本任务需要根据设计图对页面进行颜色定制。

> **素质小站：不要迷信框架**
>
> 　　软件框架通常由不同的模块、组件和库构成，用于提供软件的基础设置，以便于开发人员更加高效地开发。
>
> 　　框架的主要优点是提高效率、提供可重用的组件、提供一致的编程模型和规范、提供良好的扩展性和可维护性。框架也存在一定的缺点，如学习曲线较陡、灵活性和自由度较低，程序流程被限制、本身更新换代较快等。
>
> 　　在学习过程中，在基础知识扎实的基础上使用框架，才能更好地选择框架和控制框架的使用方式，例如可以部分引入、进行个性化配置。急功近利地直接学习框架是不现实的。

【资讯收集】

　　收集相关资讯，完成表 5-16。

表 5-16　资讯收集

观察项	结论
了解 SCSS 文件，了解它的简单语法	
观察淘宝网、京东商城页面的风格与颜色的关系	

【任务分析】

　　进行任务分析，完成表 5-17。

表 5-17 任务分析

观察项	结论
了解 BootStrap 源文件的目录结构和参数入口文件	
掌握颜色设置方法	

【初步思路】

小组进行讨论：根据经验，应该如何分步骤完成任务？将初步思路填入表 5-18。

表 5-18 初步思路

开发流程	待解决问题

【知识储备】

知识点 5.3.1　BootStrap 定制原理

BootStrap 源文件是 SCSS 文件，SCSS 文件将"编程"概念引入 CSS 文件，例如引入了变量、作用域、函数等。例如：

任务 5.3　知识储备

```
$blue :#0d6efd;
```

SCSS 文件编译之后会得到 CSS 文件，此时 HTML 文件才能读取 CSS 文件来修饰页面。

在之前的学习中，直接使用 BootStrap 生产文件，如果需要修改框架本身的默认配置，则需要下载 BootStrap 源文件进行修改，再加以编译，这就叫作 BootStrap 定制。BootStrap 定制流程如图 5-31 所示。

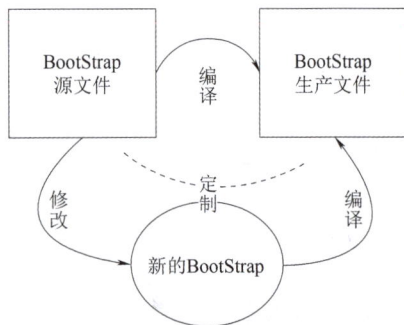

图 5-31　BootStrap 定制流程

可以通过 Web 前端开发 IDE——VSCode 的插件 Live SASS Compiler 来编译 SCSS 文件。

BootStrap 定制的基本步骤如下。

（1）理解 BootStrap 源文件的结构、关键内容。

（2）修改 BootStrap 源文件。

（3）使用编译工具将 BootStrap 源文件编译成新的 BootStrap 生产文件。

（4）在项目中引入 BootStrap 生产文件

知识点 5.3.2　BootStrap 定制步骤

虽然需要修改 BootStrap 源文件，但是最好不要在该文件中直接修改，可以按照如下做法修改 BootStrap 源文件。

（1）下载 BootStrap 源文件

（2）找到其中的"bootstrap.scss"文件，观察其中的代码。

```scss
//Configuration
@ import "functions";
@ import "variables";
@ import "mixins";
@ import "utilities";
.....
```

可见全部是引入其他文件的导入语句。所有 BootStrap 使用的源代码都在这里导入。

（3）在项目中添加一个新的 SCSS 文件

将文件命名为"main.scss"。在其中导入"bootstrap.scss"文件。参考代码如下。

```scss
@ import "bootstrap-5.1.3/scss/bootstrap.scss"
```

（4）为 VSCode 的插件 Live Sass Compiler 配置编译之后产生的文件格式为".css"，且 CSS 文件存放在"css"文件夹中（否则目录比较乱）。

```
"liveSassCompile.settings.formats":[

    {
        "format":"expanded",
        "extensionName":".css",
        "savePath":"/css"
    }
]
```

（5）在"main.scss"的最前面增加如下语句。

```scss
$blue:"red";
```

（6）单击 VSCode 中的"Watching"按钮（🔭 Watching...）就会在刚才指定的"css"文件夹中看到"main.css"。此时主题色已经变成了红色。

（7）只要在"index.html"中导入"main.css"，然后设置一个文字为主题色，就会发现该文字变成了红色。

```
<p class="text-primary">看看主题色是什么？</p>
```

知识点 5.3.3　定制主题色和辅助色

1. 定制颜色的依据

在 BootStrap 源文件中有一个"variables. scss"文件，它提供了定制接口，定制 BootStrap 一般不需要了解所有框架源代码，只需要了解该文件中变量的配置即可。

"variables. scss"文件中的颜色部分代码如下。

```
$blue :#0d6efd !default;
$primary : $blue !default;
$blue-100:tint-color( $blue,80% )!default;
$blue-200:tint-color( $blue,60% )!default;
$blue-300:tint-color( $blue,40% )!default;
.....
$blue-900:shade-color( $blue,80% )!default;
```

上述代码的含义是，首先设置变量 blue 的值为蓝色，然后设置变量 primary 为 blue，最后设置了不同深度的蓝色，共 9 个级别，这是为了进行主题色的深浅分级，例如一些组件用到了主题色（蓝色），还用到了较浅的蓝色作为辅助色，形成美观的效果。因此，如果需要修改主题色，就要提供类似的设置。

2. 定制颜色的具体做法

定制代码必须出现在"@ import "bootstrap-5. 1. 3/ scss/bootstrap. scss" "之前。注意到上面代码后面有 "! default"，含义是非默认的，表示后面引入的框架代码不会覆盖定制代码。

因此，定制 BootStrap 是先写定制代码，再引入"bootstrap. scss"文件。

定制代码就是参考"bootstrap. scss"的做法，先设置 9 个深浅不一的颜色（这里为蓝色），再将主题色赋值为这 9 个颜色之一，如图 5-32 所示。

```
$purple-100: #c4c6ff;
$purple-200: #A2A5Fc;
$purple-300: #8888FC;
$purple-400: #7069FA;
$purple-500: #5d55fa;
$purple-600: #4d3df7;
$purple-700: #3525e6;
$purple-800: #1d0ebe;
$purple-900: #0c008c;
```

图 5-32　设置 9 个深浅不一的蓝色

【任务实施】

步骤与知识关联图如图 5-33 所示。

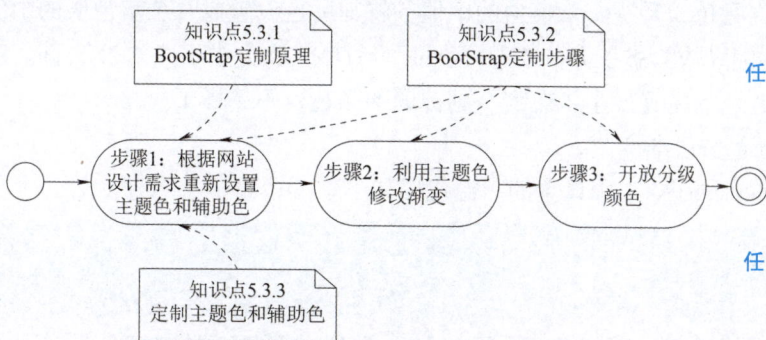

图 5-33　步骤与知识关联图

任务 5.3　任务实施（一）

任务 5.3　任务实施（二）

任务 5.3　任务实施（三）

步骤 1：根据网站设计需求重新设置主题色和辅助色。
在项目中增加 SCSS 文件，在其中引入 BootStrap 源文件"bootstrap. scss"。

```
@ import "bootstrap-5.1.3/scss/bootstrap.scss"
```

在该句话之前加入如下代码。

```
$purple-100:#c4c6ff;
$purple-200:#A2A5Fc;
$purple-300:#8888FC;
$purple-400:#7069FA;
$purple-500:#5d55fa;
$purple-600:#4d3df7;
$purple-700:#3525e6;
$purple-800:#1d0ebe;
$purple-900:#0c008c;
$purple: $purple-500;
$primary: $purple;
$gray-100:#f0f4f8;
$gray-200:#d9e2ec;
$gray-300:#bcccdc;
$gray-400:#9fb3c8;
$gray-500:#829ab1;
$gray-600:#6e7d98;
$gray-700:#486581;
$gray-800:#334e68;
$gray-900:#243b53;
```

```
$gray: $gray-500;
$secondary: $gray;
```

以上代码设置了主题色，是 9 个紫色值的中值，将辅助色设置成 9 个灰色值的中值。

然后将 SCSS 文件编译成 CSS 文件，在帖子页面的 HTML 文件中引入 CSS 文件。观察网页元素，发现所有主题色的位置发生了改变，副标题的颜色也不一样了。

步骤 2：利用主题色修改渐变。

渐变也是在"variables. scss"中设置的。源代码如下。

```
$gradient:linear-gradient(180deg,rgba($white,.15),rgba($white,0))!default;
```

因为有了主题色和辅助色，所以可以设置一个过渡色，与两种颜色有关。

```
$gradient:linear-gradient(to left,rgba($secondary,.15),rgba($purple-100,0.8));
```

通过设置页面背景，让整个页面更加和谐。

```
<div class="containerbg-gradient">
```

效果如图 5-34 所示。

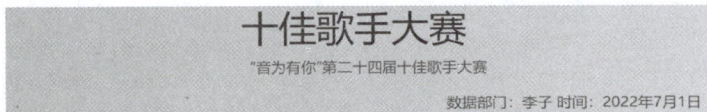

图 5-34 设置过滤色的标题

步骤 3：开放分级颜色。

在"variables. scss"中有如下语句。

```
$blue :#0d6efd !default;
$indigo :#6610f2 !default;
$purple :#6f42c1 !default;
$pink :#d63384 !default;
$red :#dc3545 !default;
$orange :#fd7e14 !default;
$yellow :#ffc107 !default;
$green :#198754 !default;
$teal :#20c997 !default;
$cyan :#0dcaf0 !default;
// scss-docs-end color-variables
// scss-docs-start colors-map
```

```
$colors:( "blue" :$blue,"indigo" :$indigo,"purple" :$purple,"pink" :$pink,"
red" :$red,"orange" :$orange,"yellow" :$yellow,"green" :$green,"teal" :$teal,"
cyan" :$cyan,"white" :$white,"gray" :$gray-600,"gray-dark" :$gray-800)! de-
fault;
```

这些颜色是开放给用户使用的颜色，在网页调试工中里可以看见，如图 5-35 所示。

```
--bs-blue:    #0d6efd;
--bs-indigo:  #6610f2;
--bs-purple:  #5d55fa;
--bs-pink:    #d63384;
--bs-red:     #dc3545;
--bs-orange:  #fd7e14;
--bs-yellow:  #ffc107;
--bs-green:   #198754;
--bs-teal:    #20c997;
--bs-cyan:    #0dcaf0;
--bs-white:   #fff;
--bs-gray:    #6e7d98;
--bs-gray-dark: #334e68;
```

图 5-35　开放分级颜色

可以把这段代码复制到"main. scss"中，在 $colors 变量中增加刚才的一系列紫色，这样在页面中就可以随意使用这些分级颜色了。

```
$colors:( "blue": $blue,"indigo": $indigo,"purple": $purple,"pink": $pink,"
red": $red,"orange": $orange,"yellow": $yellow, "green": $green,"teal": $teal,"cy-
an": $cyan,"white": $white, "gray": $gray-600,"gray-dark": $gray-800,"purple-
100": $purple-100,"purple-200": $purple-200,"purple-300": $purple-300,"purple-
400": $purple-400,"purple-500": $purple-500,"purple-600": $purple-600,"purple-
700": $purple-700,"purple-800": $purple-800,"purple-900": $purple-900)! default;
```

这时打开网页查看调试窗口，如图 5-36 所示。

```
--bs-purple-100:  #c4c6ff;
--bs-purple-200:  #A2A5Fc;
--bs-purple-300:  #8888FC;
--bs-purple-400:  #7069FA;
--bs-purple-500:  #5d55fa;
--bs-purple-600:  #4d3df7;
--bs-purple-700:  #3525e6;
--bs-purple-800:  #1d0ebe;
--bs-purple-900:  #0c008c;
```

图 5-36　定制的开放分级颜色

这些颜色都可以用于网页，只要在使用时添加 var( )即可。例如：

```
a{
  color:var(--bs-purple-100);
}
```

【评估总结】

进行任务实施评估，完成表 5-19。

任务 5.3　习题

表 5-19　任务实施评估

观察项	回答
是否完成小组任务分配	
网站目录结构是否合理	
页面的 HTML 结构是否合理	
是否正确引入 BootStrap	
是否使用 BootStrap 定制颜色美化了页面	

回顾本任务所学知识，完成表 5-20。

表 5-20　知识回顾

观察项	回答
BootStrap 源文件中的 SCSS 文件具有编程语言的特征，有变量、函数的概念，它通过编译可以产生什么文件？	
BootStrap 不仅可以直接使用，还可以根据需要进行定制，Boot-Strap 定制对程序员来说有什么意义？	
在进行 BootStrap 定制时可以直接修改框架的源代码吗？为什么？	

任务 5.4　实现网页头部模块

【任务发布】

在网站的多个网页中，头部可以采用一样的模块，一般头部模块中有网站标题、Logo、导航模块、搜索模块、登录入口等内容。这些部分代码量较多，也不方便维护。下面介绍 BootStrap 所提供的可以用在网页头部模块的组件、插件。

本任务使用 BootStrap 组件实现网页头部模块，其效果如图 5-37 所示。

图 5-37 网页头部模块效果

【任务分析】

进行任务分析，完成表 5-21。

表 5-21 任务分析

观察项	结论
BootStrap 提供了哪些组件？	
网页头部模块可以分解成哪些组件？	
了解常用组件有哪些，掌握组件的使用步骤	
了解常用插件有哪些，掌握插件的使用步骤	

素质小站：组件中的哲学——独立与合作

组件是框架所提供的小模块，用于实现一个独立的功能。在日常生活中也有组件的概念，例如一辆汽车由发动机、车框、车窗和车门、车轮等组件组成。如何正确地分割组件？为什么不将车轮和车框组合在一起作为一个组件呢？这反映了哲学思想——独立与合作。每个组件内部应该是一个完整的小系统，它能独立实现一个功能，但是它可以很方便地与其他组件进行相互组合，实现更复杂的功能。因此，组件的复用性比较高。

在学习与生活中，既要有独立精神，也要有合作精神。

【初步思路】

小组进行讨论：根据经验，应该如何分步骤完成任务？将初步思路填入表 5-22。

表 5-22 初步思路

开发流程	待解决问题

【知识储备】

任务 5.4　知识储备

知识点 5.4.1　BootStrap 组件

BootStrap 组件就是 BootStrap 所提供的现成的网页组成元素，例如"按钮""分页""进度条"等，它由 HTML 代码和 CSS 代码组成。例如，当需要使用"分页"时，可以在帮助文档中找到"分页"，再找到合适的款式，将其 HTML 代码复制到项目中即可。

案例 5.1　制作一个具有自己风格的"分页"组件。

```html
<ul class="pagination">
  <li class="page-item"><a class="page-link" href="#">Previous</a>　</li>
  <li class="page-item"><a class="page-link" href="#">1</a></li>
  <li class="page-item active"><a class="page-link" href="#">2</a>　</li>
  <li class="page-item"><a class="page-link" href="#">3</a></li>
  <li class="page-item"><a class="page-link" href="#">Next</a></li>
</ul>
```

"分页"组件效果如图 5-38 所示。

图 5-38　"分页"组件效果

通过 BootStrap 定制，可能为组件提供统一的风格，如果需要实现自己的风格，就需要修改复制的 HTML 代码和 CSS 代码。

可以通过调试工具对照源代码进行修改。例如将单词"Previous"和"Next"变成图标，可以进行如下操作。

（1）在 BootStrap"图标"中搜索"left"，得到想要的图标（图 5-39）。打开该图标页面并复制代码（图 5-40），其中一种方式是复制该图标的 SVG 代码。

caret-left

图 5-39　caret-left 图标

Copy HTML

Paste the SVG right into your project's code.

```
<svg xmlns="http://www.w3.org/2000/:  📋
  <path d="M10 12.796V3.204L4.519 8 10
</svg>
```

图 5-40　打开图标页面并复制代码

（2）采取这种方式将复制的代码放入网页，再按照这样的方法放入后退图标，效果如图 5-41 所示。

◁　1　**2**　3　▷

图 5-41　更换图标之后的效果

如果觉得超链接文字太大，或者整个分页的尺寸需要修改，可以直接使用 BootStrap 类加以调整。将超链接的类修改如下。

```
<a class="page-link px-2 py-1 small" href="#">…</a>
```

最后效果如图 5-42 所示。

◁　1　**2**　3　▷　　　◁　**1**　2　3　▷

图 5-42　切换字体大小的"分页"组件效果

当然，还可以修改超链接的颜色和背景颜色，读者可以自己试一试。

知识点 5.4.2　BootStrap 插件

BootStrap 插件是加入了 JS 代码的组件，在 BootStrap 5 之前，BootStrap 采用 jQuery 框架制作，要依赖 jQuery 框架才能使用，而 BootStrap 5 不再依赖 jQuery 框架。

由此可见，BootStrap 插件是由 HTML 代码、CSS 代码和 JS 代码组成的网页元素。当使用 BootStrap 插件时，一定要引入 "BootStrap.js"，如果使用下拉等效果，就需要直接引入 "bootstrap.bundle.js"。它能直接提供样式，还能提供动态交互效果，例如动态选项卡，如图 5-43 所示。

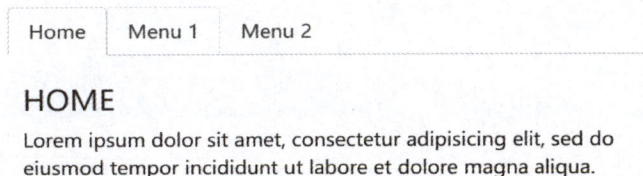

| Home | Menu 1 | Menu 2 |

HOME

Lorem ipsum dolor sit amet, consectetur adipisicing elit, sed do eiusmod tempor incididunt ut labore et dolore magna aliqua.

图 5-43　动态选项卡效果

大多数时候，需要修改的是 BootStrap 插件的 CSS 代码，以达到个性化设计的目的。

案例 5.2 将默认的动态选项卡定制成图 5-44 所示样式。

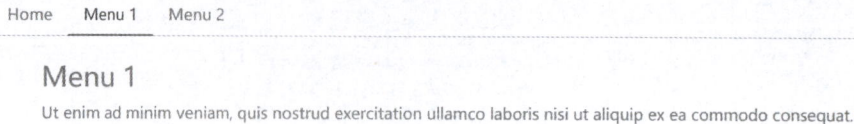

Home   **Menu 1**   Menu 2

Menu 1

Ut enim ad minim veniam, quis nostrud exercitation ullamco laboris nisi ut aliquip ex ea commodo consequat.

图 5-44   定制的动态选项卡样式

下面的代码将导航模块中的超链接的边框去掉，设置颜色为辅助色，将活动项（.active）设置成红色的底边，将颜色设置成主题色，再将内容文字设置成辅助色。

```
<style>
  .nav a {
    border:none ! important;
    color:var(--bs-secondary)! important;
  }

  .nav .active {
    border-bottom:2 px solid red ! important;
    color:var(--bs-primary)! important;
  }

  .tab-content {
    color:var(--bs-secondary)! important;
  }
</style>
```

知识点 5.4.3 BootStrap 的弹性布局工具类

BootStrap 3 采用浮动布局，BootStrap 4，5 与 BootStrap 3 的最大区别是它们不再采用浮动布局，而是采用弹性布局。下面介绍常用的 BootStrap 的弹性布局工具类。

1. d-flex

类 d-flex 表示"display:flex;"，该类运用于弹性盒子。下面代码的效果如图 5-45 所示。

```
<div class = "d-flex p-3bg-secondary text-white">
  <div class = "p-2 bg-info">Flex item 1</div>
  <div class = "p-2 bg-warning">Flex item 2</div>
  <div class = "p-2 bg-primary">Flex item 3</div>
</div>
```

图 5-45　d-flex 效果

2. flex-row 与 flex-column

flex-row 表示弹性盒子的子项目是横向布局，flex-column 表示弹性盒子的子项目是纵向布局，flex-row 是默认值。下面代码的效果如图 5-46 所示。

```
<div class="d-flex flex-column p-3bg-secondary">
    <div class="p-2 bg-info">Flex item 1</div>
    <div class="p-2 bg-warning">Flex item 2</div>
    <div class="p-2 bg-primary">Flex item 3</div>
</div>
```

图 5-46　flex-column 效果

3. justify-content ＊

. justify-content-＊类用于修改弹性子项目的排列方式，"＊"号允许的值有 start（默认）、end、center、between 和 around。该类其实就是 CSS 的属性 justify-content。它决定了单行（列）元素在主轴上的对齐方式。它必须和 d-flex 配合使用。

例如，下面代码的效果如图 5-47 所示。

```
<div class="d-flex justify-content-startbg-secondary mb-3">
    <div class="p-2 bg-info">Flex item 1</div>
    <div class="p-2 bg-warning">Flex item 2</div>
    <div class="p-2 bg-primary">Flex item 3</div>
</div>
```

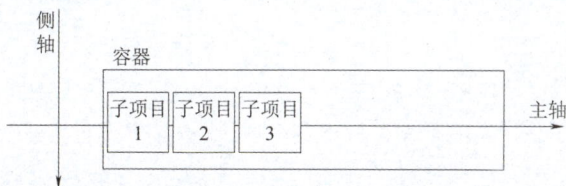

图 5-47　justify-content-＊效果

justify-content-*的取值见表5-23。

表 5-23　justify-content-*的取值

取值	含义	示例
justify-content-start（默认）	子项目在主轴上从头对齐	侧轴／容器／子项目1 子项目2 子项目3／主轴
justify-content-end	子项目在主轴上从尾对齐	侧轴／容器／子项目1 子项目2 子项目3／主轴
justify-content-center	子项目在主轴上中间对齐	侧轴／容器／子项目1 子项目2 子项目3／主轴
justify-content-between	子项目以均匀的间距放置在容器里	侧轴／容器／子项目1 子项目2 子项目3／主轴
justify-content-around	子项目加上它周围的间隙，均匀地分布在主轴上	侧轴／容器／子项目1 子项目2 子项目3／主轴

4. flex-fill

.flex-fill 类强制设置各个弹性子项目的宽度是一样的。下面代码的效果如图5-48所示。

```
<div class="d-flex p-3bg-secondary">
    <div class="p-2 bg-info flex-fill">Flex item 1</div>
    <div class="p-2 bg-warning flex-fill">Flex item 2</div>
    <div class="p-2 bg-primary flex-fill">Flex item 3</div>
</div>
```

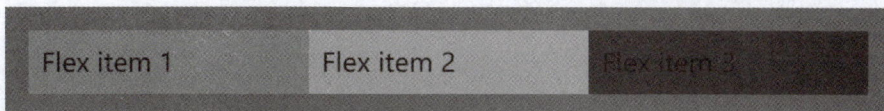

图 5-48　flex-fill 效果

5. flex-grow-1

flex-grow-1 用于设置子项目使用剩余的空间。下面代码中前面两个子项目只设置了它们所需要的空间，最后一个子项目获取剩余空间，效果如图 5-49 所示。

```
<div class="d-flex p-3bg-secondary">
    <div class="p-2 bg-info">Flex item 1</div>
    <div class="p-2 bg-warning">Flex item 2</div>
    <div class="p-2 bg-primary flex-grow-1">Flex item 3</div>
</div>
```

图 5-49　flex-grow-1 效果

【任务实施】

步骤 1：实现网页头部 banner 模块。

Jumbotron 组件（超大屏幕）会创建一个大的灰色背景框，在其中可以设置一些特殊的内容和信息。

（1）实现网页代码。

```
<div class="logo-header">
    <div class="container-fluid">
    <a href="#">员工入口</a>
        <header>
            <h1 class="text-white">Eran 信息科技有限公司</h1>
            <p class="small text-muted">执行致远,智造未来</p>
        </header>
    </div>
</div>
```

（2）编写 CSS 代码控制 .logo-header 的大小和背景颜色。

```
.logo-header {
    height:11 rem;
```

任务 5.4　任务实施

```
    background:url("../../header.png")center center no-repeat;
    background-size:cover;
}
```

.logo-header 的高度以 rem 为单位，因为之前设置过不同屏幕宽度的 rem（"rem.css"），所以最终 .logo-header 的高度在不同宽度的屏幕中不一样，在小屏幕中会小一点。

（3）调整间距、颜色、文字大小。

①第 1 行：将 header 的位置调整到右下一点。

②第 4 行：控制文字为白色。

③第 5 行：控制小标题文字变小，颜色柔和。

④第 7 行：设置向右浮动，文字变小，颜色柔和。

```
<div class="logo-header pt-5 ps-3">
    <div class="container">
        <header>
            <h1 class="text-white">Eran 信息科技有限公司</h1>
            <p class="small text-muted">执行致远,智造未来</p>
        </header>
        <a class="float-end small text-muted" href="#">
            员工入口
    </a>
    </div>
</div>
```

（4）设置图标。

在 BootStrap 的 icons 中找到入口图标，复制 SVG 代码，放在"员工入口"右边，效果如图 5-50 所示。

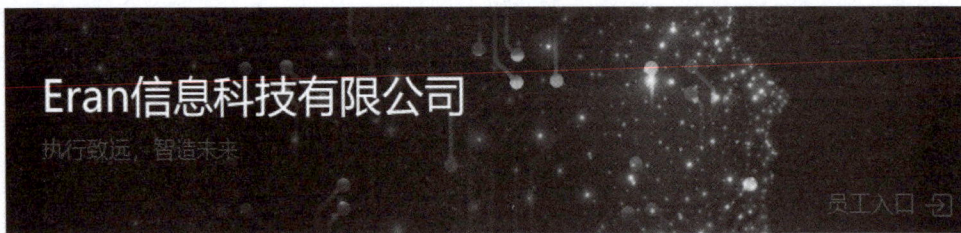

图 5-50　步骤 1 效果

步骤 2：实现导航模块。

（1）在文档中找到"带表单的折叠导航栏"插件，复制其代码。

在导航模块位置添加一个盒子，表示头部导航模块。

```
<div class="header-nav"></div>
```

在盒子中添加以下代码。

```html
<nav class="navbar navbar-expand-sm navbar-dark bg-dark">
  <div class="container-fluid">
    <a class="navbar-brand" href="javascript:void(0)">Logo</a>
    <button class="navbar-toggler" type="button" data-bs-toggle="collapse"
data-bs-target="#mynavbar">
      <span class="navbar-toggler-icon"></span>
    </button>
    <div class="collapse navbar-collapse" id="mynavbar">
      <ul class="navbar-nav me-auto">
        <li class="nav-item">
          <a class="nav-link" href="javascript:void(0)">Link</a>
        </li>
        <li class="nav-item">
          <a class="nav-link" href="javascript:void(0)">Link</a>
        </li>
        <li class="nav-item">
          <a class="nav-link" href="javascript:void(0)">Link</a>
        </li>
      </ul>
      <form class="d-flex">
        <input class="form-control me-2" type="text" placeholder="Search">
        <button class="btn btn-primary" type="button">Search</button>
      </form>
    </div>
  </div>
</nav>
```

中等屏幕（宽度在 576 px）效果如图 5-51 所示。

图 5-51　中等屏幕效果

手机屏幕（宽度在 575 px 以下）效果如图 5-52、图 5-53 所示。

图 5-52　手机屏幕效果（未打开菜单）

图 5-53　手机屏幕效果（打开菜单）

（2）将导航模块放入 container。

将\<div class="container-fluid"\>改为\<div class="container"\>

（3）修改导航模块的颜色。

修改整个导航模块的背景颜色为主题色渐变。

\<nav class="navbar navbar-expand-sm navbar-dark bg-primary bg-gradient"\>

其中 navbar-dark 表示文字颜色是浅色，背景颜色是深色的配色，bg-primary 表示背景颜色是主题色，bg-gradient 表示辅助色渐变覆盖在主题色上面。

修改鼠标指针放到导航模块上时的颜色以及导航模块被选中时的颜色为主题色。

```
.header-nav .navbar-nav .nav-link:hover,
  .header-nav .navbar-nav .nav-link:focus,
  .header-nav .navbar-nav .nav-link.active {
    color:var(--bs-purple-500);
}
```

其中：hover 表示鼠标指针放导航模块上，:focus 表示获得焦点，.active 表示导航模块被选中。

效果如图 5-54 所示。

图 5-54　步骤 2 效果

（4）修改表单的样式。

首先要观察表单部分的代码和样式。在浏览器的调试工具中观察其大小受哪些因素控制。一般 padding、margin、line-height、width、height 属性决定元素的尺寸。这里主要是将表单中的文本框和按钮调整小一点，使文本框的圆角变成半圆。

```
.header-nav nav {
    padding-top:0;
```

```
    padding-bottom:0;
}
.header-nav nav form input.search-input {
    padding:0;
    border-radius:0.75 rem;
}
.header-nav nav form button {
    padding:0;
}
```

第 1~3 行：去掉 nav 的上、下内边距，使高度变小。

第 5~8 行：将文本框的内边距变成 0 px，将文本框两边变成圆形。因为行高是 1.5 rem，所以这里的边半径为 0.75 rem，正好是一个半圆。

第 9~11 行：设置按钮的 padding 也为 0 px。

这些设置中有很多可以使用 p-0、pt-0、pd-0 的类名取代，读者可以尝试操作。

将搜索按钮换成放大镜图标，效果如图 5-55 所示。

图 5-55　修改表单样式效果

（5）修改 Logo 的样式。

在 navbar-brand 中添加 span。

```
<a class="navbar-brand"href="javascript:void(0)">
            <span></span>
</a>
```

为 span 添加 CSS 代码。

```
.header-nav .navbar {
    position:relative;
}

.header-nav .navbar .navbar-brand>span {
    position:absolute;
    width:5 rem;
    height:5 rem;
    top:-2 rem;
    left:0.5 rem;
    border-radius:2.5 rem;
    background:url(../../images/logoE3.png)no-repeat center center;
```

```
    background-size:cover;
}


.header-nav .navbar .navbar-collapse {
    margin-left:3 rem;
}
```

第 1~3 行：设置父元素 navbar 为相对定位。

第 5~14 行：设置 span 为绝对定位，设置其大小、形状（圆形）、位置（相对于父元素）、背景图及背景图的尺寸。

第 16~18 行：为导航模块主体部分设置外边距，以防止被 Logo 遮挡。

效果如图 5-56 所示。

图 5-56　修改 Logo 的样式效果

步骤 3：将帖子页面的右侧替换成列表组件。

```
<div class="col-md-3 border border-start-0 border-1 rounded">
    <div class="hot-list  p-2">
        <h6>最新发布</h4>
        <div class="list-group">
        <a href="#" class="list-group-item list-group-item-action  text-mu-
ted">交流参观促发展——我司员工到兄弟单位观摩学习</a>
        <a href="#" class="list-group-item list-group-item-action  text-mu-
ted">交流参观促发展——我司员工到兄弟单位观摩学习</a>
        <a href="#" class="list-group-item list-group-item-action  text-mu-
ted">交流参观促发展——我司员工到兄弟单位观摩学习</a>
        <a href="#" class="list-group-item list-group-item-action  text-mu-
ted">交流参观促发展——我司员工到兄弟单位观摩学习</a>
        <a href="#" class="list-group-item list-group-item-action  text-mu-
ted">交流参观促发展——我司员工到兄弟单位观摩学习</a>
        </div>
    </div>
</div>
```

第 1 行：设置右边栏边框、圆角。

第 2 行：设置内边距。

第 5 行：设置超链接颜色为柔和。

效果如图 5-57 所示。

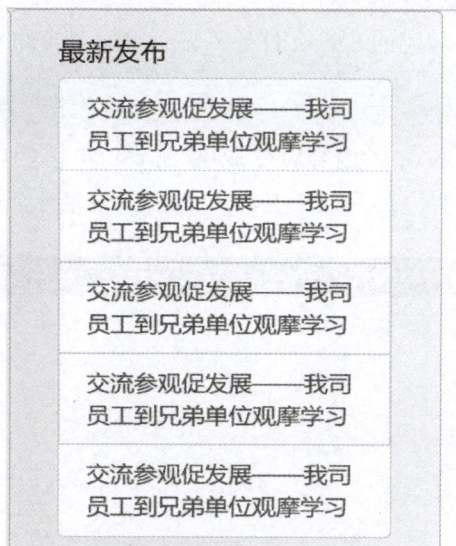

图 5-57　列表组件中间效果

这里的最新帖子标题不美观，将其制作成长标题加省略号的形式，而且后面添加徽章。将上面代码中每一项的超链接替换成以下代码。

```
<a class="list-group-item d-flex px-1"href="#">
    <span class="flex-grow-1 text-truncate small ">
         交流参观促发展——我司员工到兄弟单位观摩学习
    </span>
      <span class="badge badge-secondary bg-primary">New</span>
</a>
```

第 1 行：设置弹性布局容器（在后面具体介绍）的左、右内边距为 0.25 rem。
第 2 行：设置子项目占据剩余所有空间，文字多出的部分用省略号代替，文字变小。
第 5 行：设置徽章颜色为辅助色，背景颜色为主题色。
效果如图 5-58 所示。

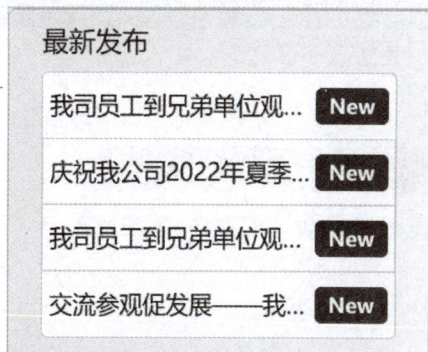

图 5-58　列表组件最终效果

步骤 4：将网页头部模块导入帖子模块。

将网页头部 header 模块对应的 CSS 文件导入帖子页面对应的 CSS 文件。

```
@ import "../header/header.css";
```

将"header.html"中的 body 的内容转变成 JS 语句。可以使用 HTML 代码转换为 JS 代码的在线软件，例如菜鸟联盟提供的菜鸟工具，如图 5-59 所示。

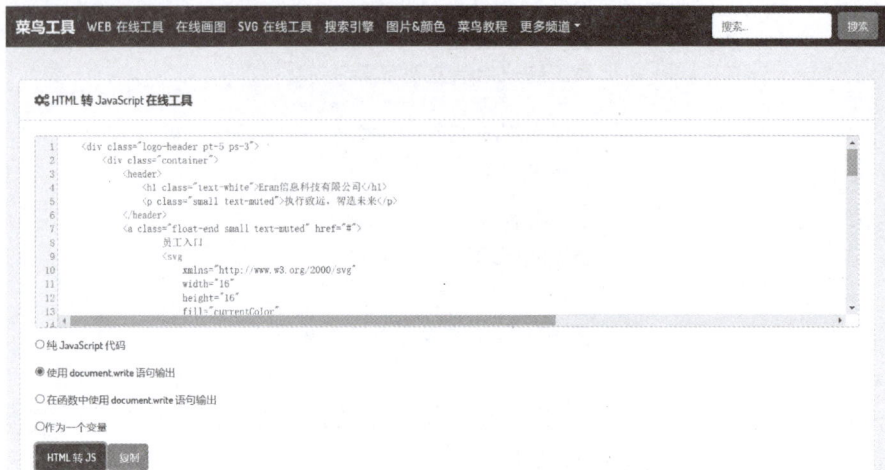

图 5-59　菜鸟工具界面

将得到的 JS 代码放入一个 JS 文件，命名为"header.js"，再将此文件导入帖子页面文件。

```
<scriptsrc="./js/header.js"></script>
```

PC 端帖子页面效果如图 5-60 所示。

图 5-60　PC 端帖子页面效果

移动端帖子页面效果如图 5-61 所示。

图 5-61 移动端帖子页面效果

【评估总结】

进行任务实施评估, 完成表 5-24。

任务 5.4 习题

表 5-24 任务实施评估

观察项	评价
是否完成小组任务分配	
网站目录结构是否合理	
页面的 HTML 结构是否合理	
是否正确引入 BootStrap 框架	
是否合理使用 BootStrap 组件	

回顾本任务所学知识, 完成表 5-25。

表 5-25 知识回顾

观察项	回答
BootStrap 组件是由 HTML 代码、CSS 代码组成的网页模块元素, 例如 "提示框" "按钮" "按钮组" "徽章" "进度条" "分页" "列表组" "卡片", 还有哪些?	

观察项	回答
常用 BootStrap 插件有哪些?	
BootStrap 插件是由 HTML 代码、CSS 代码和 JS 代码组成的网页模块元素,因为使用了 JS 代码,所以需要引入什么文件?如果 BootStrap 插件使用弹窗、提示、下拉菜单等功能,则需要引用哪个文件?	
无论是 BootStrap 组件还是 BootStrap 插件,往往其原生的样式不是用户所想要的。通过对 HTML 源代码的修改,可以实现什么改变?通过对 CSS 源代码的修改,可以实现什么改变?	
BootStrap 弹性布局工具类的作用是什么?	

任务 5.5 首页制作

【任务发布】

通过之前的学习,读者已经对 BootStrap 的使用有了一定的认识,本任务进一步使用 BootStrap 制作首页。

【任务分析】

进行任务分析,完成表 5-26。

表 5-26 任务分析

观察项	结论
分析响应式首页的布局特点,绘制 PC 端的线框图和移动端的线框图	
思考会使用到哪些 BootStrap 组件和插件	
学习相关 BootStrap 组件和插件的应用方法	
实现网页框架和布局	
插入需要的 BootStrap 组件和插件,调节 CSS 代码,使之适应页面	

【知识储备】

知识点 5.5.1 轮播插件的应用

先观察轮播插件的 HTML 代码。

任务 5.5 知识储备

```
<! --轮播 -->
<div id="demo" class="carousel slide" data-bs-ride="carousel">

    <! -- 指示符 -->
```

```
    <div class="carousel-indicators">……
    </div>


    <!-- 轮播图片 -->
    <div class="carousel-inner">……
    </div>
<!-- 左右切换按钮 -->
    <button class="carousel-control-prev" type="button" data-bs-target="#demo"
data-bs-slide="prev">
    <span class="carousel-control-prev-icon"></span>
    </button>
    <button class="carousel-control-next" type="button" data-bs-target="#demo"
data-bs-slide="next">
    <span class="carousel-control-next-icon"></span>
    </button>
</div>
```

轮播插件效果如图 5-62 所示。

图 5-62　轮播插件效果

第 5~9 行：设置 3 个白色的扁矩形指示符，单击它们可以实现轮播图片的选择。

第 11~22 行：设置 3 张轮播图片。

第 25~30 行：设置前进（<）按钮和后退（>）按钮。

案例 5.3　在实际开发中，程序员经常需要对轮播效果做个性化处理，例如需要制作图 5-63 所示的轮播效果。

（1）在实际应用中，一般将轮播效果放入网页的一个容器中。现在模拟这个应用场景。使用栅格系统为轮播图片定位。

图 5-63　案例 5.3 所需要的轮播效果

```
<div class="container">
    <div class="row">
        <div class="col-lg-4 px-0 px-lg-1 ">
            <div class="box    border rounded"></div>
        </div>
        <div class="col-lg-4 px-0 px-lg-1 ">
            <div class="box    border rounded"></div>
        </div>
        <div class="col-lg-4 px-0 px-lg-1 ">
            <div class="box   border rounded"></div>
        </div>
    </div>
</div>
```

第 3 行：栅格系统的列的间距比较大，因此使用 px-0 将较小屏幕中的间距设置为 0 px，再将大屏幕（以上）中的内边距设置得小一些。

第 4 行：设置 box 有边框，且边框为圆角。

如果容器高度为 350 px，则布局效果如图 5-64 所示。

图 5-64　布局效果

（2）将轮播图片的代码放在第 1 列中，再将其中"轮播图片"部分替换成"卡片"组件。

```
<div class="carousel-item">
    <div class="card">
        <div class="card-body">
        <img class="card-img-top" src="./images/slide2.jpeg" alt="Card im-
age" style="width:100% " />
        </div>
        <div class="card-foot">
        底部
</div>
    </div>
</div>
```

（3）调整一下"指示按钮"的位置，将其设置到轮播图片的下方。观察到 carousel-indicators 的位置是绝对定位，可以调整其位置属性 bottom 的值。

```
bottom:30% ;
```

（4）此时会发现虽然有了"卡片"组件，但是卡片不能恰好填充 box（高度是 350 px），如图 5-65 所示。

图 5-65　卡片线框图

这是因为轮播图片本身的宽高比是固定的，轮播图片不一定符合程序员的需求。可以在从 box 一直到 card 再到轮播图片的类中都加入"h-100"，直到卡片、轮播图片充满 350 px 的高度。

（5）为了防止图片变形，为其添加"style="object-fit:cover""。

最终实现了所需的轮播效果。

知识点 5.5.2　动态选项卡的应用

动态选项卡是网页中常用的一种模块，如果使用该模块，则需要导入"bootstrap. js"或者"bootstrap. min. js"文件。动态选项卡的效果如图 5-66 所示。

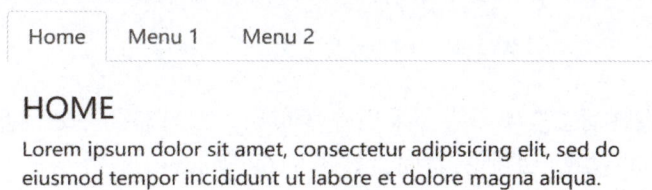

图 5-66　动态选项卡的效果

相应的代码如下。

```
<! -- Nav tabs -->
<ul class="nav nav-tabs">
  <li class="nav-item">
<a class="nav-link active" data-bs-toggle="tab" href="#home">Home</a>
```

```
    </li>
    <li class="nav-item">
<a class="nav-link" data-bs-toggle="tab" href="#menu1">Menu 1</a>
    </li>
    <li class="nav-item">
<a class="nav-link" data-bs-toggle="tab" href="#menu2">Menu 2</a>
    </li>
</ul>

<! -- Tab panes -->
<div class="tab-content">
  <div class="tab-pane active container" id="home">...</div>
  <div class="tab-pane container" id="menu1">...</div>
  <div class="tab-pane container" id="menu2">...</div>
</div>
```

第 2~12 行：动态选项卡的头部，用 ul 表示，每个小 li 表示一个动态选项卡，其中是一个超链接。

第 15~19 行：动态选项卡的面板部分，每个 tab-pane 表示一个面板，active 表示被选中。

很显然，如果需要 2 个或者更多动态选项卡，只需要在上、下两部分删减或增加即可。还可以利用前面介绍的技巧定制动态选项卡的颜色样式和下划线样式。此处不再赘述。下面对动态选项卡进行更复杂的改造。

（1）在动态选项卡的最后增加一个"更多"超链接，如图 5-67 所示。

图 5-67　增加一个"更多"超链接

通过观察代码发现动态选项卡头部采用弹性布局。如果需要一个"更多"超链接，考虑增加一个 li，让其占据剩余的所有空间，如图 5-68 所示。

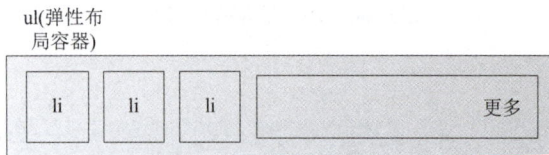

图 5-68　动态选项卡布局线框图

在动态选项卡头部的代码 ul 中增加最后一个 li。

```
<li class="flex-grow-1 text-end small">
    <a class="nav-link" href="javascript:void(0)">更多 ...</a>
</li>
```

第 1 行：设置 li 占领父容器（弹性布局）中剩余的所有空间，文字右对齐，文字偏小。

第 2 行：nav-link 的作用是设置 li 的内边距，以让超链接和其他 li 中的超链接对齐。

（2）设置动态选项卡内部的列表。

卡片中的内部新闻列表可以使用 ul 实现。

```
<div id="home" class="container tab-pane active">
    <br />
    <ul class="list-unstyled">
        <li>
          <a href="#">
             2022 年校园招聘报告会在红厅如期举行,张述宁做了汇报
          </a>
            <span>2022-05-09</span>
        </li>
        <li>
          <a href="#">
                欢迎金陵工业大数据公司领导班子来我公司参观学习
          </a>
            <span>2022-05-09</span>
        </li>
        <li>
            <a href="#">我公司举办五一劳动节团建活动</a>
            <span>2022-05-09</span>
        </li>
    </ul>
</div>
```

第 3 行：list-unstyled 表示该 ul 是没有内边距和点的，相当于"list-style:none; padding:0;"。

这样显示效果不美观，因为文字标题的长度不统一，如图 5-69 所示。

如何实现图 5-70 的效果？

2022年校园招聘报告会在红厅如期举行，张述宁做了汇报 2022-05-09
欢迎金陵工业大数据公司领导班子来我公司参观学习 2022-05-09
我公司举办五一劳动节团建活动 2022-05-09

图 5-69　帖子链接错误效果

2022年校园招聘报告会在红厅... 2022-05-09

图 5-70　帖子链接正确效果

考虑在 li 上采用弹性布局，让其右边的日期自动调整长度，左边的文字标题超出范围部分用省略号代替。

```
<li class="d-flex pb-2">
    <a href="#" class="flex-grow-1 text-truncate text-decoration-none text-dark pe-1">
2022 年校园招聘报告会在红厅如期举行,张述宁做了汇报
</a>
    <span class="text-nowrap text-secondary">2022-05-09</span>
</li>
```

第 1 行：li 采用弹性布局，pd-2 设置内下边距。

第 2 行：超链接采用 flex-grow-1 设置占有剩余的所有空间，采用 text-truncate 设置超出父元素的部分用省略号代替，采用 text-decoration-none 设置文本无装饰，采用 text-dark 设置文字颜色为深色，采用 pe-1 设置一定的内右边距。

第 5 行：设置文字不换行，颜色为辅助色。

任务实施

【评估总结】

进行任务实施评估，完成表 5-27。

表 5-27　任务实施评估

观察项	评价
是否完成小组任务分配	
网站目录结构是否合理	
页面的 HTML 结构是否合理	
是否正确引入 BootStrap	
是否实现了布局	
是否完成轮播图片、动态选项卡、公司明星榜模块	
是否实现了网页主体部分	
是否实现了网页尾部模块	

回顾本任务所学知识，完成表 5-28。

表 5-28　知识回顾

观察项	回答
响应式布局框架 BootStrap 提供的组件或者插件可以有助于快速建立网页原型。一般通过修改哪些内容来定制需要的样式？	
在使用栅格系统布局时，行和列应该采取自动高度的方式，让其内部的子元素将其撑大。如果需要保持统一的高度，则需要考虑使用媒体查询方式来处理不同尺寸屏幕中的高度问题。请分别举出本任务中的例子来说明 PC端 移动端